石化化工行业排污许可管理

冉丽君　蔡　梅　张　波　主编

中国环境出版集团・北京

图书在版编目（CIP）数据

石化化工行业排污许可管理 / 冉丽君，蔡梅，张波主编. — 北京 ：中国环境出版集团，2022.10
ISBN 978-7-5111-5317-3

Ⅰ. ①石… Ⅱ. ①冉… ②蔡… ③张… Ⅲ. ①石油化工企业－排污许可证－许可证制度－研究－中国 Ⅳ. ①X74

中国版本图书馆CIP数据核字（2022）第167248号

出 版 人 武德凯
责任编辑 李兰兰
文字编辑 邵 葵
责任校对 薄军霞
装帧设计 岳 帅

出版发行 中国环境出版集团
（100062 北京市东城区广渠门内大街 16 号）
网 址：http：//www.cesp.com.cn
电子邮箱：bjgl@cesp.com.cn
联系电话：010-67112765（编辑管理部）
发行热线：010-67125803，010-67113405（传真）
印 刷 北京中科印刷有限公司
经 销 各地新华书店
版 次 2022 年 10 月第 1 版
印 次 2022 年 10 月第 1 次印刷
开 本 787×1092 1/16
印 张 10.5
字 数 184千字
定 价 60.00元

本书编委会

主　编：冉丽君　蔡　梅　张　波

编　委：刘贺峰　王之正　梁　准
曹海琳　赵风杰　王卫红
孙　慧　沈海蓉　朱秋颖

前言

自党的十八届三中全会将“完善污染物排放许可制”写入《中共中央关于全面深化改革若干重大问题的决定》后，党的十八届五中全会又在《中共中央关于制定国民经济和社会发展第十三个五年规划的建议》中提出“改革环境治理基础制度，建立覆盖所有固定污染源的企业排放许可制”。2015年9月11日由中央政治局会议审议通过的《生态文明体制改革总体方案》明确要求：“完善污染物排放许可制。尽快在全国范围建立统一公平、覆盖所有固定污染源的企业排放许可制，依法核发排污许可证，排污者必须持证排污，禁止无证排污或不按许可证规定排污。”《中共中央关于坚持和完善中国特色社会主义制度推进国家治理体系和治理能力现代化若干重大问题的决定》中提出，构建以排污许可制为核心的固定污染源监管制度体系。为了贯彻落实党中央、国务院的改革思路和目标要求，2016年11月10日，国务院办公厅发布了《控制污染物排放许可制实施方案》（国办发〔2016〕81号），排污许可制度改革全面启动。根据《控制污染物排放许可制实施方案》，到2020年要完成所有行业的排污许可证发放，实现固定污染源排污许可全覆盖。从2021年3月开始，《排污许可管理条例》正式实施。

石化行业范围较广，按照《固定污染源排污许可分类管理名录》，到2020年年底完成石化行业全部排污许可证核发工作。为建立并完善石化工业排污许可管理体系和技术体系，指导和规范石化工业排污单位排污许可证申请与核发工作，加快推动石化工业排污许可制度实施，生态环境部发布了《排污许可证申请与核发技术规范　石化工业》（HJ 853—2017）。该技术规范规定了石化工业排污单位排污许可证申请与核发的基本情况填报要求、许可排放限值确定、实际排放量核算、合规判定的技术方法以及自行监测、环境管理台账、执行报告等环境管理要求，列出了石化工业污染防治可行技术。

为做好排污许可制度实施，便于石化工业排污单位管理人员及技术人员、许可证核发机关审核部门及第三方技术支持单位、排污许可证监管人员理解排污许可管理的各项要求，掌握排污许可证申请与核发技术要点，后期实现按证排污、依证监管，特编制本教材。全书共分为5章。第1章为行业介绍，主要介绍石化工业发展现状、行业环境管理要求、主要工艺及产排污特点等。第2章重点介绍排污许可制度基本内涵、管控框架及制度现状与展望。第3章详细介绍了排污许可证申请与核发主要内容，包括前期准备、申请材料、核发流程及排污登记等。第4章主要介绍了排污单位排污许可证后执行情况，包括日常环境管理和台账记录、执行报告编制及提交、合规判定等。第5章从证后监管的角度，结合案例主要讲述了排污许可证证后监管的主要内容，包括许可事项监管、管理事项监管及典型违法违规行为等。

本书编写人员分工如下：第1章 冉丽君、沈海蓉；第2章 王之正、王卫红；第3章 刘贺峰、赵风杰；第4章 梁准；第5章 张波、曹海琳。本书统稿工作主要由冉丽君、孙慧完成。

本书在编写过程中得到了多方面的支持与关心，包括中国石油大学（华东）、中海石油环保服务（天津）有限公司的大力支持，特别鸣谢中国海油海洋环境与生态保护公益基金会对本书的支持及协助，在此一并致谢。

由于时间仓促，书中难免有不妥之处，请广大读者批评指正，以便进一步探讨和完善！

编者

2022年3月

目录

1

石化行业概述

石油和化工行业一般指以石油和天然气为原料的化学工业。原油经过蒸馏、裂解（裂化）、重整和分离，形成乙烯、丙烯、丁烯、丁二烯、苯、甲苯、二甲苯、萘等基础原料，再从这些基础原料制得甲醇、甲醛、乙醇、乙醛、醋酸、异丙醇、丙酮、苯酚等各种基本有机原料，产品多，范围广。从《国民经济行业分类》看，包括原油加工及石油制品制造（2511）、有机化学原料制造（2614）、初级形态塑料及合成树脂制造（2651）、合成橡胶制造（2652）、合成纤维单（聚合）体制造等（2653）。

1.1 石化行业发展现状与趋势展望

1.1.1 行业产能持续增长，全球地位稳步上升

“十三五”时期以来，在深化供给侧结构性改革、推动经济高质量发展的引领下，石化行业运行总体保持平稳，2021年是“十四五”的开局之年，石化行业运行明显好于2020年，产业规模进一步增大，我国石化行业的大国地位更加巩固。

一是炼油能力首次赶超美国。随着地方大型民营炼化企业的投产，2021年我国原油一次加工能力达9.1亿t，较2020年提高了2.25%；约占全球总炼油能力的17.99%，较2020年提高了3.16%，炼油能力首次超过美国，成为世界第一大炼油国。

2021年，国际油价持续上涨以及成品油需求稳步复苏，世界炼厂原油加工量逐渐走出低谷，2021年我国炼厂加工量达7.04亿t，首次突破7亿t大关，较2020年增长4.5%；炼厂平均开工率提升至77.2%左右，具体见表1-1。

表1-1 近年来中国与全球炼油行业产能产量情况

年份	2016	2017	2018	2019	2020	2021
中国原油一次加工能力/（亿t/a）	7.9	8.1	8.3	8.6	8.9	9.1
原油加工量/（亿t/a）	5.41	5.68	6.04	6.52	6.74	7.04
中国炼厂开工率/%	68.3	70.2	72.6	75.8	76.1	77.2

续表

年份	2016	2017	2018	2019	2020	2021
全球原油加工能力/（亿t/a）	48.70	49	49.64	50.81	51.03	50.58
全球炼厂开工率/%	82.5	85	84	81	72	77

注：数据来源于2019—2021年《国内外油气行业发展报告》。

二是主要化学产品产量增长较快。2021年我国乙烯产能达4 368万t，约占全球乙烯总产能的20.8%，较2020年提高了2.94%，依然稳居世界第二。新增产能850万t/a，较2020年提高了24.16%，其中新增产能中气基乙烯延续快速发展势头，占比达61%。乙烯工业的快速发展也极大推动了下游合成材料工业的发展。2021年我国合成材料产品产量继续稳居世界第一，产量约为1.99亿t，增长6.9%，其中合成树脂产量为1.10 亿t，增长 5.8%；合成橡胶产量为 811.7万t，增长2.6%，具体见表1-2。

表1-2 近年来中国与全球石化行业乙烯产量情况

年份	2016	2017	2018	2019	2020	2021
中国乙烯产能/（万t/a）	2 310.5	2 455.5	2 532.5	3 066.5	3 518	4 368
世界乙烯产能/（亿t/a）	1.62	1.69	1.77	1.90	1.97	2.10
中国乙烯产量/（万t/a）	1 781.1	1 821.8	1 845	2 052	2 160	2 826
中国合成材料产量/（亿t/a）	1.42	1.50	1.58	1.70	1.86	1.99

注：数据来源于2019—2021年《国内外油气行业发展报告》。

1.1.2 产业布局不断优化，呈现集群发展

“十三五”期间石化产业集聚发展，石化产能主要分布在长三角、珠三角、渤海湾三大石化产业集群，规模化优势越发明显。

一是逐步形成多个石化基地。我国的炼油行业正向装置大型化、炼化一体化、产业集群化方向发展。《石化产业规划布局方案》提出，将建设七大石化基地。目前，上海漕泾、浙江宁波、广东惠州、大连长兴岛、福建古雷形成规模，总体建立了石化产业链；浙江舟山（宁波化工区拓展区）、江苏连云港处于起步阶段；河北曹妃甸尚处于规划阶段。预计到2025年七大石化基地的炼油能力将占全国总产能的40%。

二是产能集中度高。从产能地区布局看，华北、东北、华南、华东仍是炼油集中地，合计炼油能力占比超80%。环渤海湾、长三角、珠三角三大炼化产业集

群区2021年合计炼油能力达6.59亿t/a，占炼油总能力的72.3%；乙烯能力达2 705.5万t/a，占乙烯总能力的61.9%。

三是以沿海沿江和依托油田布局为主。从产能看，山东、辽宁、广东和浙江4个省2021年合计炼油能力达4.83亿t/a，占全国总炼油能力的53.0%；乙烯生产装置主要分布在广东、辽宁、江苏、黑龙江等省，约占全国乙烯生产能力的50.0%。从企业数量看，全国石化企业分布以沿海为主，主要集中在山东、江苏、广东、河北、浙江、辽宁6个省，这6个省的石化企业占全国总数的59%。长江、黄河流域石化企业占全国石化企业总数的31%。从行业分布看，原油加工及石油制品制造企业主要分布在山东、辽宁、江苏、河北等省，约占全国企业总数的57%。初级形态塑料及合成树脂制造企业主要分布在广东、江苏、山东、浙江、安徽等省，约占全国企业总数的60%。合成橡胶制造企业主要分布在山东、广东、江苏、浙江等省，约占全国企业总数的65%。合成纤维单（聚合）体制造企业主要分布在江苏、浙江、福建、河南等省，约占全国企业总数的59%。

1.1.3 原油进口逐步放开，炼化主体更趋多元

一是两权放开，炼油行业经营主体由国企向多元化发展。“十三五”期间，国家出台一系列政策推动行业改革发展，特别是2015年原油非国营贸易进口权、进口原油使用权和成品油出口权向民企有条件开放。2019年国家发展改革委、商务部发布了《鼓励外商投资产业目录》（2019年），上游勘探、中游炼化和下游终端产业均向外资开放后，炼油行业的格局发生了重大变化，炼化领域经营主体多元化趋势明显，浙江石化、恒力石化、盛虹石化等民营企业得到蓬勃发展，巴斯夫、埃克森美孚等外商投资项目投入建设，形成国有、民营、外资充分竞争的市场格局。

二是民企成为炼油新增产能的主力军之一。从经营主体看，以中国石油天然气集团有限公司、中国石油化工集团有限公司两大集团为主，中国海洋石油集团有限公司、中国中化集团有限公司、民企、外资企业等多元化主体参与的国内竞争格局进一步发展。2021年中国化工集团有限公司和中国中化集团有限公司正式重组，其以0.6亿t/a的炼油能力成为国内第三大经营主体；民企炼油能力为2.7亿t/a，较2020年增加0.22亿t/a，占比达29.6%。

1.1.4 产能结构优化调整，油品质量不断提升

“十三五”期间，国内成品油市场由供不应求转为供过于求，炼油产能过剩问

题日益突出。为此，2016年国务院发布了《关于促进石化产业调结构促转型增效益的指导意见》，提出不断淘汰落后产能。在炼油能力过剩、成品油需求将达峰、“双碳”目标约束背景下，炼油行业加快产能结构调整，一方面加快国内炼油企业规模化、大型化的炼化一体化炼厂建设进程；另一方面加速整合淘汰小炼厂，根据中国石油集团经济技术研究院发布的《国内外油气行业发展报告》统计，淘汰落后产能2016年为2 086万t/a、2017年为2 240万t/a、2018年为1 165万t/a、2020年为1 270万t/a。

在油品质量升级方面，目前我国成品油已全面完成从国Ⅳ到国Ⅵa的升级，油品质量已整体达到世界先进水平。在油品质量升级过程中，炼油工艺流程也随之调整，多家炼油厂对原有装置进行结构调整来“降油增化”，而催化重整、加氢裂化和加氢精制装置作为调整产品结构和提高油品质量的加工装置近年来占比不断提升。

1.1.5 产能过剩持续加剧，行业转型迫在眉睫

一是炼油行业产能过剩趋势进一步加剧。近年来，我国炼化行业产能不断增加，随着清洁能源消费的占比持续攀升，成品油消费需求不断下降，行业产能过剩情况进一步加剧。根据在建和拟建的广东石化、镇海炼化扩建、浙江石化二期、裕龙岛炼化等项目，预计炼油产能新增1.2亿t/a，“十四五”期间我国炼油能力将达到9.8亿t/a，而炼油能力至少过剩1.6亿t/a。

二是“双碳”目标将加速石化行业转型。石化产业既是国民经济的重要支柱产业，也是资源能源富集型行业。虽然近年来石化行业在节能减排和绿色发展方面取得了明显进步，但2020年总能耗仍约为6.3亿t标煤，碳排放量约占全国排放总量的8%。随着我国提出“2030年前碳达峰”和“2060年前碳中和”的目标，石化行业需要加快优化产业结构和工艺路径，加快提升行业绿色、低碳和循环发展水平。

1.2 石化行业主要工艺及产排污特点

1.2.1 石油炼制工业

石油炼制工业一般以原油、重油为原料，生产汽油、柴油、燃料油、润滑油、石油蜡、石油沥青等产品以及石油化工原料。石油炼制工业的基本工艺主要包括分

离、石油转化、石油精制等。其中分离工艺是为了将原油分割为沸点相近的馏分，是石油炼制操作的第一个阶段，一般采用常压蒸馏、减压蒸馏以及轻烃回收（气体加工）等方式。石油转化工艺是为了将渣油、燃料油和轻烃转化为汽油和其他轻馏分，从而满足高辛烷值汽油、喷气燃料和柴油的需求，一般采用裂化（热裂化和催化裂化）、重整、烷基化、聚合、异构化、焦化、减黏裂化等方式，其中裂化、焦化和减黏裂化工艺是将大的石油分子裂化为较小的分子，聚合和烷基化工艺是将小石油分子结合为较大的分子，异构化和重整过程是重排石油分子的结构以生产相似分子；石油精制工艺通过去除硫、氮、氧和金属等杂质组分，从而稳定和升级石油产品，一般采用加氢脱硫、加氢精制、化学脱硫和酸性气脱除等方式。

石油炼制工业废水一般包括工艺废水、污染雨水、生活污水、循环冷却水排污水、化学水制水排污水、蒸气发生器排污水以及余热锅炉排污水等。其中，工艺废水是指在生产过程中与物料接触后，从各生产设备排出的废水，包括含油废水、含硫含氨酸性水、含盐废水、含碱废水、含苯系物废水等。含油废水是石油炼制企业内排放量较大的一种废水，主要来源于机泵冷却、容器及地面冲洗、油水分离器、油罐切水等。含硫含氨酸性水主要来源于油水分离罐、富气水洗罐、液态烃水洗罐等，通常含硫≥50 mg/L，含氨氮≥100 mg/L。含盐废水主要来源于电脱盐过程、碱洗脱硫过程、污泥滤液等。含碱废水主要来源于油品、气体产品碱精制过程以及脱硫胺液再生过程等。含苯系物废水主要为芳烃生产过程中与物料直接接触后从各生产设备排出的废水。污染雨水主要是生产设施区域内地面径流的污染物浓度高于标准规定的直接排放限值的雨水。

石油炼制行业工艺废气一般包括燃烧烟气和工艺尾气等有组织排放源以及动静密封点泄漏、挥发性有机液体储存等无组织排放源。燃烧烟气主要来源于工艺加热炉、焚烧炉、锅炉等，主要污染物为二氧化硫、氮氧化物、颗粒物等。工艺尾气包括催化剂再生烟气、氧化沥青装置尾气、酸性气回收装置尾气等，主要污染物为二氧化硫、氮氧化物、颗粒物、挥发性有机物等。无组织排放源主要污染物为挥发性有机物（VOCs）。

1.2.2 石油化学工业

石油化学工业一般以石油馏分、天然气为原料，生产有机化学品、合成树脂、合成纤维、合成橡胶等。石油化学工业的主要反应过程包括羰基合成、水解、酯化、聚合、萃取、吸附、吸收、结晶、固液分离、干燥、纺丝、汽（气）提等。石油化学企业产品种类繁多，往往需采用不同的原料、工艺路线以及生产装置。

典型的石油化学工业装置主要包括乙烯装置、异丁烯装置、DMF（二甲基甲酰胺）抽提丁二烯装置、环氧乙烷/乙二醇装置、聚丙烯装置、苯乙烯装置、丁辛醇装置、高压聚乙烯装置、低压高密度聚乙烯装置、聚苯乙烯装置等。

石油化学工业废水一般包括生产废水、污染雨水、生活污水、循环冷却水排污水、化学水制水排污水、蒸气发生器排污水以及余热锅炉排污水等。由于石油化工产品繁多，涉及的原辅料种类多样，且反应过程单元操作复杂，导致废水中的组分复杂，含有多种重金属和有机特征污染物等。

石油化学工业废气产污环节与石油炼制行业基本一致。

1.2.3 合成树脂工业

合成树脂工业是指以低分子化合物——单体为主要原料，通过聚合反应生产合成树脂，或者以普通合成树脂为原料，通过改性等方式生产新的合成树脂产品的工业，也包括以合成树脂为原料，采用混合共混、改性等工艺，通过挤出、注射、压制、压延、发泡等方法生产合成树脂的工业，或者以废合成树脂为原料，通过再生方法生产新的合成树脂或者合成树脂制品的工业。典型的合成树脂装置包括顺丁橡胶装置、脂肪酸树脂装置、丙烯酸树脂装置等。常见的合成树脂产品包括聚乙烯树脂、聚丙烯树脂、聚苯乙烯树脂、环氧树脂、聚碳酸酯树脂等。

合成树脂工业废水主要包括在生产过程中与物料接触后从各生产设备排出的废水。废气无组织产污环节与石油炼制行业基本相同，有组织排放源主要为树脂生产过程中车间或生产设施排放的工艺尾气，主要污染物包括VOCs以及其他有机特征污染物。

1.3 石化行业环境管控

石化行业是高能耗、高排放行业，产排污环节多、污染物种类复杂且排放量大，因此企业在日常管控及生态环境监管方面困难较大。排污许可制度改革在总体思路上是以企业产污—排污—治污为主线，将企业中所有与污染物排放相关的信息纳入其中，以我国石化工业现行的环境管理标准、规范等为抓手，以许可限值和环境管理要求的形式约束和规范企业的排污行为，从而实现以排污许可制度为核心的固定污染源“一证式”环境管理。

2

排污许可制概述

2.1 排污许可制的基本内涵

2.1.1 排污许可制的定义

控制污染物排放许可制，简称排污许可制，是指生态环境主管部门按照法律法规要求，依据企事业单位和其他生产经营者（以下简称排污单位）的申请和承诺，通过发放排污许可证法律文书的形式，规范和限制排污单位的排污行为，明确相关环境管理要求，并依据排污许可证对排污单位实施监管执法的环境管理制度。通过实施排污许可制，对排污单位排放水污染物、大气污染物等各类排污行为进行统一规范和约束，实施“一证式”管理，落实排污单位治污主体责任；同时，有效推动各项制度整合衔接，减少排污单位重复申报，切实减轻排污单位负担。

排污许可证申请与核发阶段，生态环境部应依法制定并公布排污许可分类管理名录、排污许可证申领核发程序、排污许可证样式、相关数据格式要求等；排污单位应按相关法规标准和技术规定提交申请材料，申报污染物排放种类、排放浓度和排放量，并对申请材料的真实性、准确性和完整性承担法律责任。地方生态环境主管部门对符合要求的企事业单位应及时核发排污许可证，对存在疑问的企事业单位开展现场核发。排污许可证的有效期为5年。

排污单位申领的排污许可证是其生产运行期间排污行为的唯一行政许可。排污单位应严格按证排污，依法开展自行监测，建立环境管理台账，定期报告排污许可证执行情况，并依法向社会公开污染物排放数据。同时，排污许可证也是排污单位接受生态环境主管部门监管的主要法律文书。生态环境主管部门应重点检查许可事项和管理要求的落实情况，现场检查的时间、内容、结果以及处罚决定须记入排污许可证管理信息平台。

2.1.2 排污许可制发展进程

排污许可制是国际通行的一项环境管理基本制度，许多国家和地区都对污染物排放行为实行排污许可证管理，对环境保护和污染防治起到了很大的作用。

（1）国际方面

美国排污许可制起源于1972年，由美国环境保护局负责具体管理工作，可签发联邦许可证，也可授权州或地方政府签发许可证。美国实施环境要素单项许可管理，分别核发大气排污许可证、污水排污许可证、雨水排污许可证等，其他要素如固体废物、油污泄漏、化学品风险等通过报备或登记等方式管理。通过实施排污许可制，美国实现了对新源和现有源环境管理的全覆盖，为关联整合相关环境管理制度提供了抓手和平台，推动污染物排放量显著降低，环境质量得到稳定改善。

德国排污许可制起源于1974年，联邦、州、地方三级环境部门分别负责政策法规制定、环境执法和许可证核发及管理。德国对设施建设和运营进行综合集中许可，许可证不仅涵盖废水、废气、噪声、固体废物等环境污染物，还包括消防、安全、职业健康等内容，发放对象为工业排污设施，而非企业。

澳大利亚排污许可制起源于20世纪90年代末期，各州为排污许可制的实施主体，其中以新南威尔士州最具代表性。新南威尔士州许可证采用综合许可形式，涵盖空气、水、固体废物和噪声，管理对象为固定源和移动源。

日本排污许可制以污染物排放总量控制为核心，以大工业、大城市集中的东京湾、伊势湾、濑户内海等为管理区域，对管理区域中排放化学需氧量（COD）等污染物的排污单位提出污染物排放总量控制要求。同时，日本实行排污申报制度，排污单位需向环境主管部门提交污染物产生和排放情况、污染治理设施情况、污染源监测情况等。

（2）国内方面

早在20世纪80年代，我国便开始探索建立排污许可制。1988年，国家环境保护局制定实施《水污染物排放许可证管理暂行办法》（国家环境保护局〔88〕环水字第111号）。1989年，国家环境保护局印发了《排放大气污染物许可证制度试点工作方案》，启动相关试点工作。根据统计，在此期间全国共有28个省（区、市）出台了排污许可管理相关地方法规、规章或规范性文件，累计向约24万家企业发放了排污许可证。而且，《大气污染防治法》、《水污染防治法》和《环境保护法》都将实施排污许可制度纳入法律体系。

2013年，中国共产党十八届三中全会审议通过《中共中央关于全面深化改革若干重大问题的决定》，提出要“完善污染物排放许可制”，拉开了我国排污许可制改革的序幕。2015年，十八届五中全会审议通过《中共中央关于制定国民经济和社会发展第十三个五年规划的建议》，要求“改革环境治理基础制度，建立覆盖所有固定污染源的企业排放许可制”。同年，中央政治局会议审议通过《生态文明体制改革总体方案》，进一步明确要完善排污许可制。2016年，国务院办公厅印发《控制污染物排放许可制实施方案》（国办发〔2016〕81号），要求到2020年，完成覆盖所有固定污染源的排污许可证核发工作，明确了我国排污许可制度改革的时间表、路线图和任务书。

为加强对排污许可证核发与管理工作的帮助和指导，生态环境部积极推进以固定污染源排污许可分类管理名录为指导，排污许可证申请与核发技术规范为主体，自行监测技术指南、污染防治可行技术指南、环境管理台账与执行报告编制技术规范等互为支撑的排污许可技术标准体系建设，引导和规范排污许可证申请、核发与管理工作。同时，建立并运行全国排污许可证管理信息平台，实现全国排污许可证申请、核发、信息公开等工作在同一平台办理。2017年，我国在火电、造纸、钢铁等15个重点行业率先启动排污许可证核发工作。

2018年2月，环境保护部部长李干杰同志在全国环境保护工作会议上提出了“核发一个行业、清理一个行业、规范一个行业、达标排放一个行业”的思路。2019年，生态环境部修订了《固定污染源排污许可分类管理名录（2019年版）》，在重点管理和简化管理的基础上，增加登记管理类别，实现了对《国民经济行业分类》（GB/T 4754—2017）行业全覆盖。

同时，为增强排污许可管理的法律支撑，生态环境部持续推动相关法律法规制定工作。2016年年底，环境保护部制定《排污许可证管理暂行规定》。在此基础上，结合排污许可工作实践，2018年1月，《排污许可管理办法（试行）》颁布，该办法细化了生态环境部门、排污单位和第三方机构的法律责任。2021年1月，国务院发布《排污许可管理条例》，为固定污染源环境管理制度更加完善奠定了法规基础。

2.1.3 我国排污许可制定位

排污许可证是落实法律法规要求的行政许可文书。一方面，《环境保护法》《大气污染防治法》《水污染防治法》《固体废物污染环境防治法》等法律均规定排污单位应做到持排污许可证排污，排污单位申领排污许可证是落实法律规定的具体举措；另一方面，排污许可证通过规定许可排放限值、自行监测要求，明确污染防治可行技术，要求提供环境管理台账和执行报告等，将排污单位应遵守的各项法律法规和标准规定细化为具体细则。《排污许可管理条例》明确了排污单位主体责任，以及不按证排污的具体罚则，压实了排污单位环境管理的主体责任。

排污许可证是规范企业排污行为的技术指导依据。排污许可证通过许可排放浓度和许可排放量，明确排污单位污染物排放上限，促使排污单位落实总量控制和污染物排放标准要求，推动污染物达标达总量排放；通过建立自行监测方案，明确不同排污口监测对象、监测频率、监测方法和监测记录等要求，引导排污单位提高自我监管水平。排污许可证通过明确污染防治和治理措施的运行管理要求，督促排污单位建立健全环境管理台账制度，规范填报执行报告，引导排污单位增强环境管理主动意识，提高排污单位环境管理能力水平，实现"自证守法"。

排污许可证是开展环境监管与执法的主要法律凭证。生态环境主管部门依证严格开展监管执法，重点检查许可事项和管理要求的落实情况，通过执法监测、核查台账等手段，核实排放数据和执行报告的真实性，判定是否达标排放。生态环境主管部门检查发现实际情况与排污许可证、环境管理台账、执行报告等不一致时，可责令排污单位作出说明，对未能说明且无法提供自行监测原始记录的，依法予以处罚。严厉处罚无证和不按证排污行为，对构成犯罪的，依法追究刑事责任。

2.2 我国排污许可制度框架体系

自启动改革至今，我国按照顶层强设计、中层重统筹、基层抓落实的思路，不断总结在探索和实践中取得的经验教训，积极推进排污许可制度框架体系建设。目前，基本形成由政策文件、法律法规、部门规章和技术规范体系互相支撑的排污许可制度基本框架（图2-1）。

2.2.1 政策文件

自2013年以来，我国根据新形势新要求，不断调整和优化排污许可制的战略定位，特别是在国务院办公厅印发《控制污染物排放许可制实施方案》以后，我国排污许可制正式进入实施阶段并大步向前发展。2018年，党中央、国务院部署开展打好污染防治攻坚战，将2020年实现固定污染源排污许可全覆盖作为其中一项重要任务。2020年，十九届五中全会审议通过《中共中央关于制定国民经济和社会发展第十四个五年规划和二〇三五年远景目标的建议》，在已实现固定污染源排污许可全覆盖的基础上，进一步提出“十四五”期间要全面实行排污许可制，明确了今后排污许可制的发展方向（表2-1）。

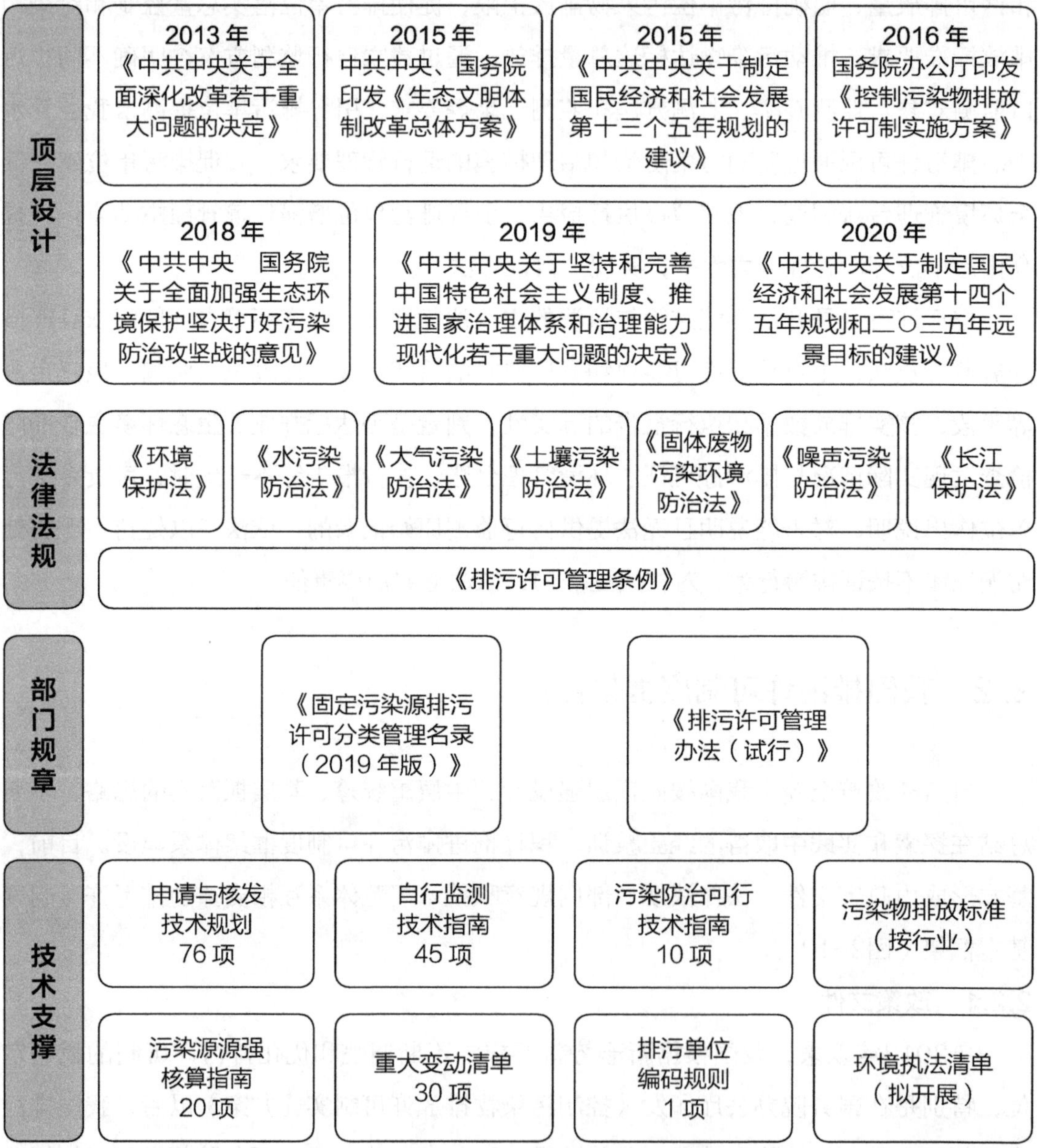

图2-1　我国排污许可制度基本框架

表2-1 我国排污许可制顶层设计大事件

时间	大事件	部署（要求）
2013年11月	十八届三中全会审议通过《中共中央关于全面深化改革若干重大问题的决定》	完善污染物排放许可制
2015年5月	中共中央、国务院印发《关于加快推进生态文明建设的意见》	完善污染物排放许可证制度，禁止无证排污和超标准、超总量排污
2015年9月	中共中央、国务院印发《生态文明体制改革总体方案》	完善污染物排放许可制。尽快在全国范围建立统一公平、覆盖所有固定污染源的企业排放许可制，依法核发排污许可证，排污者必须持证排污，禁止无证排污或不按许可证规定排污
2015年10月	十八届五中全会审议通过《中共中央关于制定国民经济和社会发展第十三个五年规划的建议》	改革环境治理基础制度，建立覆盖所有固定污染源的企业排放许可制
2016年11月	国务院办公厅印发《控制污染物排放许可制实施方案》	从总体要求、衔接整合相关环境管理制度、规范有序发放排污许可证、严格落实企事业单位环境保护责任、加强监督管理、强化信息公开和社会监督、做好排污许可制实施保障等七方面，对建立和完善排污许可制作出详细部署
2018年6月	中共中央、国务院印发《关于全面加强生态环境保护坚决打好污染防治攻坚战的意见》	加快推行排污许可制度，对固定污染源实施全过程管理和多污染物协同控制，按行业、地区、时限核发排污许可证，全面落实企业治污责任，强化证后监管和处罚。2020年，将排污许可证制度建设成为固定源环境管理核心制度，实现“一证式”管理
2019年10月	十九届四中全会审议通过《中共中央关于坚持和完善中国特色社会主义制度、推进国家治理体系和治理能力现代化若干重大问题的决定》	构建以排污许可制为核心的固定污染源监管制度体系
2020年3月	中共中央办公厅、国务院办公厅印发《关于构建现代环境治理体系的指导意见》	依法实行排污许可管理制度。加快排污许可管理条例立法进程，完善排污许可制度，加强对企业排污行为的监督检查。按照新老有别、平稳过渡原则，妥善处理排污许可与环评制度的关系
2020年9月	十九届五中全会审议通过《中共中央关于制定国民经济和社会发展第十四个五年规划和二〇三五年远景目标的建议》	全面实行排污许可制

2.2.2 法律法规

（1）生态环境法律

党的十八大以后，排污许可管理制度法制化成为排污许可制改革的重要内容，逐步形成了排污许可管理法律体系。目前，《环境保护法》《水污染防治法》《大气污染防治法》《土壤污染防治法》《固体废物污染环境防治法》《长江保护法》等多部法律均对实施排污许可管理作出了规定，确立了排污许可制的法律地位（表2-2）。

表2-2 我国现行法律关于排污许可的规定

法律名称	具体规定	对应罚则
《环境保护法》	第四十五条　国家依照法律规定实行排污许可管理制度。 实行排污许可管理的企业事业单位和其他生产经营者应当按照排污许可证的要求排放污染物；未取得排污许可证的，不得排放污染物。	第六十三条　企业事业单位和其他生产经营者有下列行为之一，尚不构成犯罪的，除依照有关法律法规规定予以处罚外，由县级以上人民政府环境保护主管部门或者其他有关部门将案件移送公安机关，对其直接负责的主管人员和其他直接责任人员，处十日以上十五日以下拘留；情节较轻的，处五日以上十日以下拘留： （二）违反法律规定，未取得排污许可证排放污染物，被责令停止排污，拒不执行的。
《大气污染防治法》	第十九条　排放工业废气或者本法第七十八条规定名录中所列有毒有害大气污染物的企业事业单位、集中供热设施的燃煤热源生产运营单位以及其他依法实行排污许可管理的单位，应当取得排污许可证。排污许可的具体办法和实施步骤由国务院规定。	第九十九条　违反本法规定，有下列行为之一的，由县级以上人民政府生态环境主管部门责令改正或者限制生产、停产整治，并处十万元以上一百万元以下的罚款；情节严重的，报经有批准权的人民政府批准，责令停业、关闭： （一）未依法取得排污许可证排放大气污染物的； 第一百二十三条　违反本法规定，企业事业单位和其他生产经营者有下列行为之一，受到罚款处罚，被责令改正，拒不改正的，依法作出处罚决定的行政机关可以自责令改正之日的次日起，按照原处罚数额按日连续处罚： （一）未依法取得排污许可证排放大气污染物的；

续表

法律名称	具体规定	对应罚则
《水污染防治法》	第二十一条　直接或者间接向水体排放工业废水和医疗污水以及其他按照规定应当取得排污许可证方可排放的废水、污水的企业事业单位和其他生产经营者，应当取得排污许可证；城镇污水集中处理设施的运营单位，也应当取得排污许可证。排污许可证应当明确排放水污染物的种类、浓度、总量和排放去向等要求。排污许可的具体办法由国务院规定。 禁止企业事业单位和其他生产经营者无排污许可证或者违反排污许可证的规定向水体排放前款规定的废水、污水。 第二十三条　实行排污许可管理的企业事业单位和其他生产经营者应当按照国家有关规定和监测规范，对所排放的水污染物自行监测，并保存原始监测记录。重点排污单位还应当安装水污染物排放自动监测设备，与环境保护主管部门的监控设备联网，并保证监测设备正常运行。具体办法由国务院环境保护主管部门规定。 第二十四条　实行排污许可管理的企业事业单位和其他生产经营者应当对监测数据的真实性和准确性负责。 环境保护主管部门发现重点排污单位的水污染物排放自动监测设备传输数据异常，应当及时进行调查。	第八十三条　违反本法规定，有下列行为之一的，由县级以上人民政府环境保护主管部门责令改正或者责令限制生产、停产整治，并处十万元以上一百万元以下的罚款；情节严重的，报经有批准权的人民政府批准，责令停业、关闭： （一）未依法取得排污许可证排放水污染物的；
《固体废物污染环境防治法》	第三十九条　产生工业固体废物的单位应当取得排污许可证。排污许可的具体办法和实施步骤由国务院规定。 产生工业固体废物的单位应当向所在地生态环境主管部门提供工业固体废物的种类、数量、流向、贮存、利用、处置等有关资料，以及减少工业固体废物产生、促进综合利用的具体措施，并执行排污许可管理制度的相关规定。 第七十八条　产生危险废物的单位，应当按照国家有关规定制定危险废物管理计划；建立危险废物管理台账，如实记录有关信息，并通过国家危险废物信息管理系统向所在地生态环境主管部门申报危险废物的种类、产生量、流向、贮存、处置等有关资料。 前款所称危险废物管理计划应当包括减少危险废物产生量和降低危险废物危害性的措施以及危险废物贮存、利用、处置措施。危险废物管理计划应当报产生危险废物的单位所在地生态环境主管部门备案。 产生危险废物的单位已经取得排污许可证的，执行排污许可管理制度的规定。	第一百零四条　违反本法规定，未依法取得排污许可证产生工业固体废物的，由生态环境主管部门责令改正或者限制生产、停产整治，处十万元以上一百万元以下的罚款；情节严重的，报经有批准权的人民政府批准，责令停业或者关闭。

续表

法律名称	具体规定	对应罚则
《土壤污染防治法》	第二十一条　设区的市级以上地方人民政府生态环境主管部门应当按照国务院生态环境主管部门的规定，根据有毒有害物质排放等情况，制定本行政区域土壤污染重点监管单位名录，向社会公开并适时更新。 土壤污染重点监管单位应当履行下列义务： （一）严格控制有毒有害物质排放，并按年度向生态环境主管部门报告排放情况； （二）建立土壤污染隐患排查制度，保证持续有效防止有毒有害物质渗漏、流失、扬散； （三）制定、实施自行监测方案，并将监测数据报生态环境主管部门。 前款规定的义务应当在排污许可证中载明。	无
《长江保护法》	第四十六条　长江流域省级人民政府制定本行政区域的总磷污染控制方案，并组织实施。对磷矿、磷肥生产集中的长江干支流，有关省级人民政府应当制定更加严格的总磷排放管控要求，有效控制总磷排放总量。 磷矿开采加工、磷肥和含磷农药制造等企业，应当按照排污许可要求，采取有效措施控制总磷排放浓度和排放总量；对排污口和周边环境进行总磷监测，依法公开监测信息。	无

（2）行政法规

为加快推进排污许可制改革，规范排污许可制实施各项工作，2016年12月，环境保护部发布实施《排污许可证管理暂行规定》，并在2018年进一步修订形成《排污许可管理办法（试行）》，以部门规章的形式对排污许可管理对象、管理程序、管理要求和相关罚则进行了规定。

2021年1月，国务院发布了《排污许可管理条例》（以下简称《条例》），这是我国第一部专门的排污许可管理方面的行政法规，标志着我国排污许可制度体系正式进入了法制化发展的新阶段，为全面实行排污许可制，落实精准治污、科学治污、依法治污，为国家生态环境治理体系和治理能力现代化提供有力支撑（表2-3）。

表2-3 《条例》主要内容

章节	主要内容
第一章 总则	共包括五项条款，明确了实行排污许可管理的范围和类别。要求依照法律规定实行排污许可管理的排污单位应申请排污许可证，并将其分为重点管理和简化管理；规定国务院生态环境主管部门制定名录并充分征求意见、建立并运维相关信息平台
第二章 申请与审批	共包括十三项条款，明确了申请与审批排污许可证的程序、排污许可证内容、有效期，以及申请排污许可证需提交的材料、重新申请排污许可证的情形
第三章 排污管理	共包括八项条款，规定了排污单位排污口设置、自行监测开展、环境管理台账建立等具体内容，提出应当填报排污登记表的情形
第四章 监督检查	共包括七项条款，规定了生态环境实施监管的程序、监管的方式、监管的内容
第五章 法律责任	共包括十四项条款，规定了无证排污、未按证排污、未建立并实施环境管理台账、未提交执行报告，以及弄虚作假、偷排、阻挠或拒绝执法等行为对应的处罚措施
第六章 附则	共包括六项条款，规定了其他情况

《条例》于2021年3月1日开始实施。与《排污许可管理办法（试行）》相比，《条例》是落实环境保护法等基本法律规定的行政法规，从加强排污许可管理的角度，明确了排污许可的具体办法和实施步骤。《排污许可管理办法（试行）》为部门规章，重点是规范了排污许可程序、实施与监管要求。《条例》的法律效力高于《排污许可管理办法（试行）》，《条例》生效后，应根据《条例》规定开展排污许可管理。《排污许可管理办法（试行）》中与《条例》规定一致的事项仍然有效；与《条例》规定不一致的事项，按照《条例》执行；《条例》中未明确的内容，仍按照《排污许可管理办法（试行）》执行。

《条例》主要有以下特点：

从管理对象和管理要素两个方面实现固定污染源全覆盖。在重点管理和简化管理的基础上，进一步明确排污许可登记备案要求，实现管理对象固定污染源全覆盖；将水、大气、土壤、固体废物等要素纳入许可管理，并逐步研究将噪声纳入管理，实现管理要素固定源全覆盖。

构建以排污许可制为核心的固定污染源环境监管体系。将环评相关要求纳入许可管理并作为颁发许可证的条件；将执行报告相关数据作为环境统计、总量控制、污染源清单等制度实施的依据；逐步形成源头预防、过程控制、损害赔偿、责任追究相衔接的固定污染源全过程管理体系。

对环境违法行为有具体的处罚。在《水污染防治法》《大气污染防治法》的基础上，加大对无证排污、不按证排污等违法行为处罚力度；对情节严重的违法排污行为，规定了责令限制生产、停产整治、停业、关停等处罚措施；对未建立环境管理台账、未按规定提交执行报告等违法行为，设置按次处罚；对复查继续发现违法排污行为或拒绝、阻挠复查等的具体违法行为，设置按日连续处罚。同时，加强与治安管理处罚和刑事处罚的衔接，规定实施治安管理处罚及追究刑事责任的具体行为。

2.2.3 部门规章

2017年7月，环境保护部发布《固定污染源排污许可分类管理名录（2017年版）》。2019年12月，生态环境部对该名录进行修订完善，印发实施《固定污染源排污许可分类管理名录（2019年版）》（以下简称《名录》），《固定污染源排污许可分类管理名录（2017年版）》同时废止。

在管理范围方面，《名录》共包含108个行业类别（涉及49个大类、212个中类、706个小类）和4个通用工序，将《国民经济行业分类》（GB/T 4754—2017）中涉及的固定污染源类别全部纳入管理范畴，实现陆域固定污染源的全覆盖。

在管理类别方面，《名录》根据排污单位污染物的产生量、排放量和对环境的影响程度等因素，分别实行重点管理、简化管理和登记管理。

在管理要求方面，《名录》要求现有排污单位和新建排污单位应在规定时限内取得排污许可证或者填报排污登记表。

此外，为全力推进排污许可管理和执法工作，2019年12月，生态环境部发布《关于做好固定污染源排污许可清理整顿和2020年排污许可发证登记工作的通知》，要求2020年4月底前完成固定污染源清理整顿，9月底前基本完成排污许可发证和登记工作；2020年1月，印发《固定污染源排污许可登记工作指南（试行）》，明确排污登记工作范围、时限、方式、内容以及其他要求；2022年3月，印发《关于加强排污许可执法监管的指导意见》，要求到2023年年底，重点行业实施排污许可清单式执法检查，排污许可日常管理、环境监测、执法监管有效联动，以排污许可制为核心的固定污染源执法监管体系基本形成，到2025年年底，排污许可清单式执法检查全覆盖，排污许可执法监管系统化、科学化、法治化、精细化、信息化水平显著提升，以排污许可制为核心的固定污染源执法监管体系全面建立。

2.2.4 技术规范

《控制污染物排放许可制实施方案》提出，要基本建立法规体系完备、技术体系科学、管理体系高效的排污许可制。自2016年印发《火电行业排污许可证申请与核发技术规范》和《造纸行业排污许可证申请与核发技术规范》起，我国逐步建立起以污染物排放标准为基础，排污许可证申请与核发技术规范为主体，自行监测技术指南、污染防治可行技术指南、管理台账与执行报告技术规范、排污单位编码规则等互相支撑的排污许可技术框架体系。

污染物排放标准是国家或者区域对污染源排放的污染物种类、数量、浓度、排放方式等作出的限制性规定。排污许可证申请与核发技术规范通过明确各行业许可排放的污染物种类、浓度等规定，有效对接各行业污染物的排放标准。同时，技术规范通过规定许可排放量核算、各行业自行监测、环境管理台账记录、执行报告提交及相关环境管理措施，推动各行业污染物达标达总量排放，并为依证监管与执法提供依据。

同时，为进一步提高排污许可证管理效能，推动排污单位有效落实各项要求，生态环境部积极推进排污单位编码规则、自行监测技术指南、环境管理台账与执行报告技术规范、污染防治可行技术指南等技术文件制定与发布，并积极开展执法清单编制工作。

截至2022年6月，我国累计制定印发行业排污许可证申请与核发技术规范76项（含1项总则和5项通用工序），自行监测技术指南45项，污染防治可行技术指南10项，相关污染源源强核算指南20项，重大变动清单30项，排污单位编码规则1项。

《排污许可证申请与核发技术规范 石化工业》（HJ 853—2017）于2017年8月22日由环境保护部发布并实施，其中规定了石化工业排污许可证申请与核发的基本情况填报要求、许可排放限值确定、实际排放量核算、合规判定的技术方法以及自行监测、环境管理台账与排污许可证执行报告等环境管理要求，并提出了石化工业污染防治可行技术要求。此标准适用于石油炼制、石油化学、合成树脂工业排污单位。

2.3 排污许可制的现状与展望

2.3.1 排污许可制现状

2019年，十九届四中全会审议通过《中共中央关于坚持和完善中国特色社会主义制度、推进国家治理体系和治理能力现代化若干重大问题的决定》，进一步明确要构建以排污许可制为核心的固定污染源监管制度体系。

作为排污单位生产运行期间污染物排放的唯一行政许可，排污许可证对各行业排污单位须遵守的法规和标准进行了有机整合，同时，还通过许可排放浓度、许可排放量、规范排污口设置、规定污染治理设施运行和自行监测要求等方式，进一步细化和明确了排污单位的具体责任。排污单位应依法申领排污许可证，并履行自行监测、污染治理设施运行、环境管理台账记录、执行报告提交等法定义务，配合做好排污许可监督检查，自觉接受公众监督，实现“自证守法”。生态环境部门以许可事项和管理要求落实情况为重点开展排污许可执法和监管，通过执法监测、核查环境管理台账等手段，核实排放数据和报告的真实性，实现“依证执法”。截至2021年年底，全国累计将330余万家排污单位纳入排污管理，其中核发排污许可证35万余张，实施排污登记294万余家，下达排污限期整改通知书6 000余张。

为提高许可证核发质量，有序推进排污许可证后监管工作，2019年3月，生态环境部组织北京、天津、河北、山西、江苏、山东、河南、陕西8省、市率先开展固定污染源排污许可清理整顿试点，对已核发排污许可证的火电等24个重点行业进行摸排，清理无证排污单位，对排查出的1 962家无证排污单位核发排污许可证，对排查出的3 813家排污量较小的排污单位在全国排污许可信息平台上进行了登记。在此基础上，2020年1月，生态环境部印发《关于做好固定污染源排污许可清理整顿和2020年排污许可发证登记工作的通知》，全面摸清各地2017—2019年已完成排污许可证核发任务的火电、造纸等33个行业排污单位情况，清理无证排污单位。

2.3.2 排污许可制展望

2020年10月，党的十九届五中全会审议通过《中共中央关于制定国民经济和社会发展第十四个五年规划和二〇三五年远景目标的建议》，明确要“全面实行排污许可制”，指明了未来中长期排污许可工作推进的方向。《条例》为全面实行排污许可制提供了强有力的支撑。随着经济社会发展进入新常态，我国排污许可制实施将进入提质增效新阶段。

（1）以排污许可制为核心的固定污染源环境监管制度体系运行将更加顺畅

一方面，排污许可与环境影响评价、总量控制、环境统计等制度的衔接融合将更加深入；另一方面，在实现排污单位全覆盖的基础上，环境噪声等环境要素也将纳入排污许可管理范围，并逐步建立海洋工程排污许可管理体系。此外，排污许可将更加紧密对接和落实各项环境管理要求，充分发挥排污许可大数据优势，有效推进精准减排。

（2）依托排污许可证的固定污染源监管执法将更加高效

排污许可监管、监测、执法各环节的堵点将逐步打通，彼此间数据将实现互联互通，依托排污许可的监管执法要求与内容将更加聚焦。同时，监督执法的手段将更加高效，与刑事司法、环保督察等的衔接方式更加多元，对违法犯罪行为的震慑力将更加强大。

（3）集污染物与温室气体排放于一体的固定源排污许可管理体系将逐步建立

重点地区、重点行业将率先启动把二氧化碳纳入排污许可管理试点，并逐步扩展到非二氧化碳温室气体。排污许可管理平台将逐步与温室气体排放数据报送系统进行集成和统一，探索建立固定源数据报送、统计、核算与管理一体推进的相关体系，真正做到“一证双管”，协同增效。

2.4 石化行业排污许可证核发现状

根据全国排污许可管理信息平台统计，截至2021年年底，全国石化行业共计核发排污许可证4 957张，其中重点管理4 862张、简化管理95张，3 537家企业位于园区内，1 420家企业未进园区，需要进行整改的有43家。从行业分类看，原油加工及石油制品制造企业有706家、有机化学原料制造企业有2 685家、初级形态塑料及合成树脂制造企业有1 404家、合成橡胶制造企业有117家、合成纤维单（聚合）体制造企业有45家。

石化行业核发的排污许可证主要分布在山东、江苏、广东、河北、浙江5省，占全国发证数量的54.1%。原油加工及石油制品制造业、有机化学原料制造业核发许可证数量均以山东省最多，其核发排污许可证数量分别为253张、627张，分别占全国原油加工及石油制品制造业、有机化学原料制造业的35.8%、23.4%。初级形态塑料及合成树脂制造业核发许可证居前2位的省份为广东省和江苏省，两省共核发排污许可证430张，占全国初级形态塑料及合成树脂制造业的30.6%。

3

排污许可证申请与核发

3.1 申请排污许可证前的准备工作

3.1.1 排污许可证首次申请

企业首次申请排污许可证，应首先在全国排污许可证管理信息平台（企业端）上进行账号注册工作。

建议企业使用IE9及以上版本的浏览器登录“全国排污许可证管理信息平台-公开端”（http：//permit.mee.gov.cn/），如图3-1所示，在平台上注册。用其他浏览器可能出现无法上传附件、无法点击“添加”按钮，或无法保存等情况。

图3-1 全国排污许可证管理信息平台-公开端

点击图3-1中“网上申报”按钮，即可进入“全国排污许可证管理信息平台-企业端”，如图3-2所示。

图3-2　全国排污许可证管理信息平台-企业端

首次填报的企业，应点击图3-2中“注册”按钮，并根据系统中的内容进行注册。

注意事项：

①“*”为必填内容。

②“注册地址”及“生产经营场所地址”应与该企业营业执照上的信息相同。

③“行业类别”一项应根据《国民经济行业分类》（GB/T 4754—2017），并结合企业实际生产情况选择。若企业涉及多个行业分类，应选择《固定污染源排污许可分类管理名录（2019年版）》中管理类别最高的行业作为“主要行业”，其余行业作为“其他行业”。

④同一法人不同地区的分公司/分厂需单独申领排污许可证，注册时“单位名称”为企业总公司/总厂名称，“注册单位名称”为本次申领许可证的法人分公司/分厂名称，若没有分公司/分厂，才可填写总公司/总厂名称。

3.1.2 排污许可证申请前准备工作

由于排污许可证申请需要填报企业现有情况、企业涉及数据以及总量计算过程等内容，因此在该平台填报之前，企业应准备齐全所需资料，这些资料将作为申报排污许可证的主要依据，各申请表所需材料或数据名称见表3-1。

表3-1　排污许可证各申请表所需材料

序号	申报名称	需要资料/数据名称
1	排污单位基本情况	全部环境影响评价及其批复文件（包括环境影响登记表）；地方政府对违规项目的认定或备案文件（根据企业实际情况）；主要污染物总量分配计划文件（根据企业实际情况）
2	主要产品及产能	各生产设施设计文件；包含各生产设施涉及参数情况的环境影响评价文件
3	主要原辅材料及燃料	全厂原料及辅料信息、燃料信息；生产工艺流程图；厂区总平面布置图
4	排污节点、污染物及污染治理设施	各污染治理设施设计文件；包含各污染治理设施涉及参数情况的环境影响评价文件；有组织排放口编号（在线监测排放口编号、执法监测使用编号、按照《固定污染源（水、大气）编码规则（试行）》编号）
5	大气污染物排放信息—排放口	排放口地理坐标、排气筒高度、出口内径及排气温度
6	大气污染物排放信息—有组织排放信息	执行的行业相关国家及地方排放（控制）标准；申请年排放量计算过程
7	大气污染物排放信息—无组织排放信息	执行的行业相关国家及地方排放（控制）标准；申请年排放量计算过程
8	大气污染物排放信息—企业大气排放总许可量	全厂大气污染物总量控制指标
9	水污染物排放信息—排放口	排放口信息、受纳自然水体/污水处理厂信息；执行的行业相关国家或地方污染物排放（控制）标准
10	水污染物排放信息—申请排放信息	执行的行业相关国家或地方污染物排放（控制）标准；申请年排放量限值计算过程
11	环境管理要求—自行监测要求	自行监测方案
12	环境管理要求—环境管理台账记录要求	符合规范的台账记录内容
13	地方生态环境主管部门依法增加的管理内容	有核发权的地方生态环境主管部门增加的管理内容信息；需要改正措施信息
14	相关附件	《企业守法承诺书》（需法人签字）；《排污许可证申领信息公开情况说明表》；符合建设项目环境影响评价程序的相关文件或证明材料；通过排污权交易获取排污权指标的证明材料；排污口和监测孔规范化设置情况说明材料

3.2 排污许可证申请

3.2.1 排污许可证申请方式

排污许可证申请包括线上申请和线下申请两种方式。

按照《排污许可管理条例》和《排污许可管理办法（试行）》的要求，非涉及国家秘密的排污单位排污许可证的申请、受理、审核、发放、重新申请、变更、延续、注销、撤销、遗失补办等操作应当在全国排污许可证管理信息平台上进行（图3-3）。

涉及国家秘密的排污单位，其排污许可证的申请、受理、审核、发放、重新申请、变更、延续、注销、撤销、遗失补办等操作应当按照保密规定采用纸版材料进行线下申请。

3.2.2 排污许可证申请流程

第一步：登录填报界面

排污单位登录全国排污许可证管理信息平台后进入首页—业务办理界面，点击“许可证申请”按钮，进入许可证申请页面；在许可证申请页面内选择首次申请模块，点击“我要申报”按钮进入企业填报信息界面。已填写申请，但还未提交，可点击“继续申报”按钮继续完成业务申报。

第二步：填写申请资料

根据企业填报信息界面左侧导航，逐步填写许可证申请信息，一个页面填写完成后，点击页面下方的“下一步”按钮，填报下一页的内容，也可以点击“暂存”按钮，保存当前填报信息。由于申请信息间存在特定逻辑引用关系，建议按照页面顺序进行填报。

企业需要在“全国排污许可证管理信息平台”至少填报15个页面，分别为：

①排污单位基本情况；

②主要产品及产能；

③主要原辅材料及燃料；

④排污节点、污染物及污染治理设施；

⑤大气污染物排放信息—排放口；

⑥大气污染物排放信息—有组织排放信息；

⑦大气污染物排放信息—无组织排放信息；

⑧大气污染物排放信息—企业大气排放总许可量；

⑨水污染物排放信息—排放口；

⑩水污染物排放信息—申请排放信息；

⑪固体废弃物污染物排放信息—申请排放信息；

⑫环境管理要求—自行监测要求；

⑬环境管理要求—环境管理台账记录要求；

⑭地方生态环境主管部门依法增加的管理内容；

⑮相关附件。

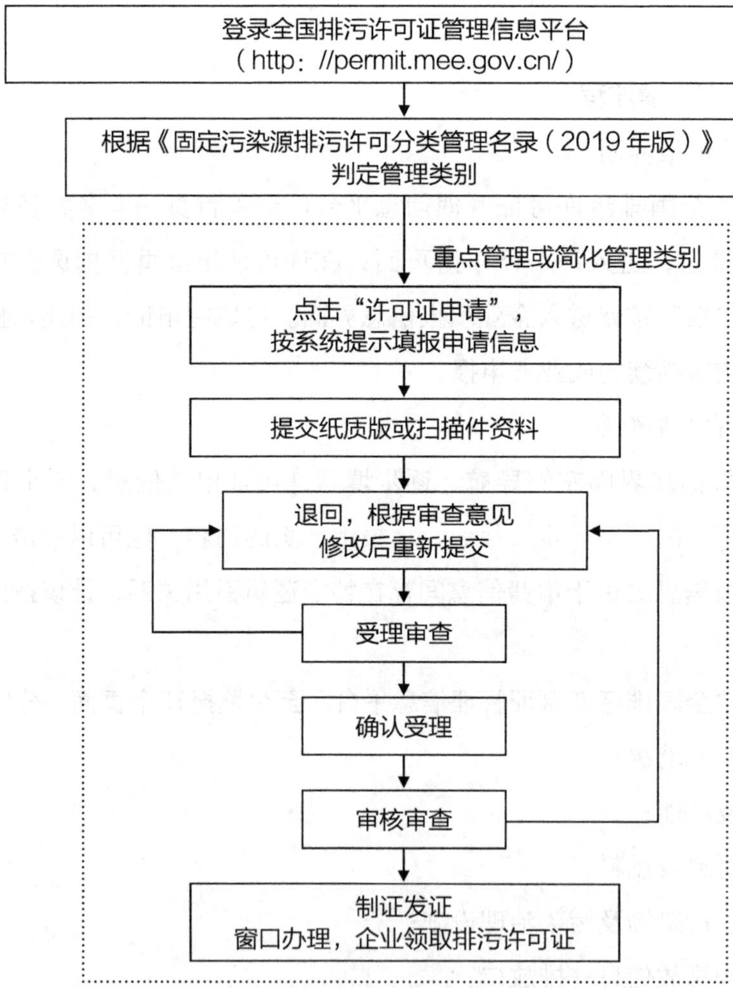

图3-3 排污许可证申请与核发流程

注意事项：

①在填写主要产品及产能，主要原辅材料及燃料，排污节点、污染物及污染治理设施相关表单内容时，系统会默认当前填报内容为企业注册时填报的行业类别下的内容（填写时可选择的下拉菜单为注册时填写行业的下拉菜单），若当前申请单位涉及多个行业，请先选择企业所在行业，再依次进行填报。

②生产设施编号、污染治理设施编号、排污口编号为企业自行编制或填写当地生态环境主管部门统一印发的编号。请注意相同的设施和排放口填写相同的编号，不同的设施和排放口填写不同的编号，一次填写一个编号，请勿将多个编号写在一个文本框内。

③为了满足各地不同的管理要求，所有表单中都新增了其他信息列或备注信息文本框，若有对应表格中无法包括的信息，可根据实际情况填写在其他信息列或备注信息文本框中。

④排污单位在申报指南栏目可下载《排污许可证申领信息公开情况说明表》和《企业守法承诺书》模板文件，线下填写完成后扫描上传系统。

第三步：信息公开

实行重点管理的排污单位需要发布许可申请前信息公开内容。排污单位登录全国排污许可证管理信息平台后进入首页—业务办理界面，点击“信息公开”按钮，进入信息公开页面，点击“许可申请前信息公开发布”按钮，按要求填写信息公开起止时间，上传有法人签字的承诺书后，点击“发布”按钮，系统自动在全国排污许可证管理信息平台公开发布一条许可信息内容。系统根据信息公开时间要求进行信息公开，公开时间截止后该信息自动撤销。

信息公开内容包括11项：

①排污单位基本信息；

②主要产品及产能；

③主要原辅材料及燃料；

④排污节点、污染物及污染治理设施；

⑤大气污染物排放信息—排放口；

⑥大气污染物排放信息—有组织排放信息；

⑦大气污染物排放信息—无组织排放信息；

⑧大气污染物排放信息—企业大气排放总许可量；

⑨水污染物排放信息—排放口；

⑩水污染物排放信息—申请排放信息；

⑪固体废物管理信息。

信息公开期间，排污单位不可修改信息发布相关内容，但是可以编辑填写自行监测要求、环境管理台账记录要求和地方生态环境主管部门依法增加的管理内容的相关信息。信息公开时间截止，排污单位可以再次编辑填报内容。

信息公开期间，用户可以撤销发布内容，系统留痕保存，用户可以再次提交发布内容。排污单位可以进入信息公开模块实时查看信息公开反馈意见。

信息公开除了可在本平台发布外，排污单位也可通过电视、广播、报刊、公共网站、行政服务大厅或服务窗口等其他便于公众知晓的方式进行公开发布。

第四步：提交申请

所有信息填写完成后，在提交申请页面，点击“提交”按钮，申请填报工作完成。排污单位在提交申请页面可下载排污许可证申请表。

申请信息统一提交给排污单位所在区域市级生态环境主管部门（直辖市为区县生态环境主管部门），由市级生态环境主管部门（直辖市为区县生态环境主管部门）分发审核处理。各审批状态见表3-2。

表3-2 排污许可证申请审批状态

序号	审批状态	
1	已提交等待受理	排污单位的许可证业务申请已提交成功，等待受理中
2	审批中	排污单位的许可证业务申请已受理，正在审批环节
3	审批通过	排污单位的许可证业务申请已审核通过，排污单位可在各地规定期限内去相关部门领取审批意见和排污许可证正、副本
4	补件	排污单位业务办理资料不全，需补齐资料后再次提交申请
5	不予受理	排污单位提交的审批部门有误，审批部门退回不予受理
6	审批不通过	排污单位不符合《排污许可管理条例》有关规定，不予办理排污许可证

3.2.3 排污许可证申请表申请要点

3.2.3.1 排污单位基本信息（见表3-3）。

表3-3 排污单位基本信息表申请要点

单位名称		注册地址	
生产经营场所地址①		邮政编码	
行业类别		是否投产	□是 □否
投产日期②			
生产经营场所中心经度		生产经营场所中心纬度	
组织机构代码		统一社会信用代码③	
技术负责人④		联系电话	
所在地是否属于大气重点控制区⑤	□是 □否	所在地是否属于总磷控制区⑥	□是 □否
所在地是否属于总氮控制区⑥	□是 □否	所在地是否属于重金属污染物特别排放限值实施区域⑦	□是 □否
是否位于工业园区	□是 □否	所属工业园区编码	
是否有环评审批文件⑧	□是 □否	环境影响评价审批文件文号或备案编号	
是否有地方政府对违规项目的认定或备案文件	□是 □否	认定或备案文件文号	
是否有主要污染物总量分配计划文件⑨	□是 □否	总量分配计划文件文号	
二氧化硫总量控制指标（t/a）			
氮氧化物总量控制指标（t/a）			
化学需氧量总量控制指标（t/a）			
氨氮（NH_3-N）总量控制指标（t/a）			
……			

注意要点：

①生产经营场所地址应明确到“省、市（区）、县、镇”；该地址直接决定排污单位是否属于重点控制区。

②是否投产以第一条项目的投产日期为准。

③组织机构代码与统一社会信用代码二者填一，若有统一社会信用代码，则无须填报组织机构代码。

④技术负责人应为熟知公司排污许可证且懂环保管理技术的管理人员，联系电话应为技术负责人的电话号码。

⑤大气重点控制区指生态环境部关于大气污染特别排放限值的执行范围，执行《关于执行大气污染物特别排放限值的公告》（环境保护部公告2013年第14号）及其有关问题的复函和《关于京津冀大气污染传输通道城市执行大气污染物特别排放限值的公告》（环境保护部公告2018年第9号）的相关要求。

⑥总磷、总氮控制区是指《国务院关于印发“十三五”生态环境保护规划的通知》（国发〔2016〕65号）以及生态环境部相关文件中确定的需要对总磷、总氮进行总量控制的区域。

⑦重金属污染物特别排放限值实施区域是指各省（区、市）根据《土壤污染防治行动计划》确定重金属污染物排放限值的矿产资源开发活动集中的区域。

⑧环评批复文件或地方政府对违规项目的认定或备案文件二者必备其一（原则上1998年以前的合规项目若无环评文件也可以核发排污许可证，但必须备注说明）。

⑨总量分配计划文件为生态环境主管部门给企业下发的正式总量控制文件（而非环评文件或批文），审核时应与生态环境主管部门的数据库作对比，确定数据无误。

3.2.3.2 排污单位登记信息见表3-4至表3-7。

表3-4 主要产品及产能信息表申请要点

序号	生产装置名称①	生产装置编码②	原料名称④	主要工艺名称①	生产设施名称①	生产设施编号②	是否为产污设施③	设施参数				产品名称④	生产（加工）能力⑤	计量单位	设计年生产时间/h⑥	其他装置信息	其他设施信息
								参数名称	设计值	计量单位	其他设施参数信息						
…	…	…	…	…	…	…	…	…	…	…	…	…	…	…	…	…	…

注意要点：

①不同行业主要产品及产能信息表略有不同，企业按实际建设情况完整填报要求必须填写的生产装置、主要工艺和生产设施等内容。系统下拉菜单中未包括的、地方生态环境主管部门有规定需要填报或排污单位认为需要填报的，可自行增加相关内容。

②生产装置编号或生产设施编号可填写企业内部编号。若无企业内部编号，则根据环水体〔2016〕189号中附件4《固定污染源（水、大气）编码规则(试行)》进行编号并填报。

③对照行业排污许可申请与核发技术规范核实所填报生产设施是否为产污设施，如果属于产污设施，相关设施参数必须填写完整。

④原料名称、产品名称填写生产装置的主要原料名称和主要产品名称。

⑤生产（加工）能力填写装置设计生产（加工）能力，不包括国家或地方政府明确规定予以淘汰或取缔的产能。

⑥设计年生产时间填写环境影响评价文件及其批复、地方政府对违规项目的认定或备案文件确定的年生产小时数。

表3-5 主要原辅材料及燃料信息表申请要点

序号	种类	名称①	设计年使用量②	设计年使用量计量单位	硫元素占比/%	有毒有害成分及占比	其他信息
原料及辅料							
…	…	…	…	…	…	…	…
燃料							
序号	燃料名称③	灰分/%	硫分/%④	挥发分/%	热值/（MJ/kg、MJ/m^3）	年最大使用量/（万t/a、万m^3/a）	其他信息⑤
…	…	…	…	…	…	…	…

注意要点：

①填报各生产装置主要原料、辅料及燃料的名称，设计年使用量和成分。属于《危险化学品目录》的原料、辅料及燃料，应全部填报。

②设计年使用量填写与生产（加工）能力相匹配的设计年使用量。

③燃料包括燃料煤、燃料油、燃料气、天然气、液化石油气、焦炭等。

④燃料煤中硫分、灰分、挥发分、汞含量、低位热值和其他燃料中硫元素占比、低位热值为必填项，其余参数为选填项。可参考设计值或上一年的实际使用情况填报。

⑤应在其他信息中标明燃料自产或外购。

表3-6　废气产排污节点、污染物及污染治理设施信息表申请要点

序号	主要生产装置编号	主要生产装置名称	生产设施编号	生产设施名称	对应产污环节名称①	污染物种类②	排放形式	污染治理设施									有组织排放口编号⑤	排放口设置是否符合要求⑥	排放口类型⑦	其他信息
								污染治理设施编号	污染治理设施名称	污染治理设施工艺③	参数名称	设计值	计量单位	其他污染治理设施参数信息	是否为可行技术④	污染治理设施其他信息				
…	…	…	…	…	…	…	…	…	…	…	…	…	…	…	…	…	…	…	…	…

注意要点：

①前面填报的是与产污相关的信息，这张表的内容与治污相关。完整性审核主要关注产污环节是否有遗漏情况。

②污染物种类需要重点审核，按照技术规范要求审核填报的污染物种类有否遗漏、是否正确。

③污染治理设施情况需核实企业是否完整填报污染治理设施及设计参数。参数一般包括废气排放量、年运行时间、污染物出口浓度等。这些参数均是与后续许可排放量核定相关，污染物出口浓度与可行技术的核定有关。

④“是否为可行技术”还需要对照污染治理技术是否为技术规范中“污染防治可行技术”所列的，以判定企业所采用的污染治理技术能否满足现阶段的治污能力。

⑤有组织排放口编号，企业不能随意填写，应根据地方生态环境主管部门已经给的编号进行填报。如无相关编号，应按环水体〔2016〕189号中附件4《固定污染源（水、大气）编码规则（试行）》编号并填报。

⑥由于排放口设置规范化是许可证核发的条件之一，企业需要自证是否符合要求。如果企业在这部分有问题，在填报时仍然可以选择“是”，但需在后面的“改正措施”里填报相应的整改内容。现在要建立企业的环保诚信体系，企业需要实事求是地反映情况，在后续的许可证监管时，生态环境主管部门可以结合改正措施的内容进行。

⑦“排放口类型”审核时需注意除了主要排放口和一般排放口，有的行业会要求填写其他排放口。其他排放口既不管控污染物浓度也不管控污染物排放量，但需要核算实际排放量。

表3-7 废水类别、污染物及污染治理设施信息表申请要点

序号	行业类别	废水类别①	污染物种类②	废水去向③	排放规律	污染治理设施									排放去向⑥	排放口编号⑦	排放口设置是否符合要求⑦	排放口类型⑧	其他信息
						污染治理设施编号	污染治理设施名称	污染治理设施工艺④	污染治理设施参数名称	设计值	计量单位	其他污染治理设施参数信息	是否为可行技术⑤	污染治理设施其他信息					
…	…	…	…	…	…	…	…	…	…	…	…	…	…	…	…	…	…	…	…

注意要点：

①核实废水类别填报是否完整，不同类别的废水如果一起汇入污水处理厂进行处理，可一起填报各类废水。需注意如果有管控的车间排放口，其废水种类需单独填报，如果漏填，则后面无法对车间排放口的一类污染物进行许可。

②根据排放标准确定污染物种类，避免遗漏。值得注意的是有的排放标准对车间排放口污染物种类排放有相应的管控要求，如石油炼制行业酸性水汽提装置车间排放口管控总砷污染因子，这部分填报时需要注意不要遗漏车间排放口污染因子。

③“废水去向”包括污水处理厂、废水总排口和回用等，对照技术规范内容核实企业所填报的废水去向是否正确。

④废水污染治理设施情况审核要求与废气相同，关注治理工艺及参数是否填报完整。参数一般包括废水排放量、年运行时间、污染物排放浓度等。

⑤“是否为可行技术”应对照技术规范中“污染防治可行技术”检查企业所采用的污染治理技术是否为可行技术，同时需核实污染物排放浓度是否满足排放限值要求，以判定企业所采用的污染治理技术能否满足现阶段的治污能力。

⑥“排放去向”包括直接进入江、河等水环境，不外排等，排放口类型等内容需审核是否填写完整。

⑦排放口编号和排放口设置是否符合要求这两部分的审核与废气相同，应根据地方生态环境主管部门已经给的编号进行填报。如无相关编号，应按编码规则编号并且填入。

⑧废水排放口包括主要排口、一般排放口和车间或生产设施排放口，审核废水的排放口类型填报是否正确。设施或车间排放口可在“其他信息”中补充填报对应装置。

3.2.3.3 大气污染物排放信息见表3-8至表3-13。

表3-8 大气排放口基本情况表申请要点

序号	排放口编号	污染物种类	排放口地理坐标		排气筒高度/m	排气筒出口内径/m	其他信息
			经度	纬度			
…	…	…	…	…	…	…	…

注意要点：

在企业所有的产污—治污—排污基础信息填报完后，进入相应的许可内容。前面企业所填报的排放口编号和污染物种类均将会自动带入后续表格中。对于大气排放口基本情况表审核部门需要审核所有排放口的经纬度、排气筒高度、排气筒出口内径等信息是否填报完整，排气温度可在“其他信息”中填报。审核时需要注意核查单位及数值是否存在低级错误。

表3-9 废气污染物排放执行标准表申请要点

序号	排放口编号	污染物种类	国家或地方污染物排放标准①			环境影响评价批复要求②	承诺更加严格排放限值③	其他信息
			名称	浓度限值/（mg/Nm^3）	速率限值/（kg/h）			
…	…	…	…	…	…	…	…	…

注意要点：

①对于废气污染物排放执行标准表需要重点审核每个排放口对应污染物种类、所执行的排放标准以及浓度限值填报是否完整、准确。对于需要管控的恶臭项目，需执行许可排放速率限值要求；对于有机废气排放口挥发性有机物，仅执行去除效率时，需要在“其他信息”中加以填报。

②对于2015年1月1日（含）后取得环评批复的企业，应在“环境影响评价批复要求”中填报环评及批复的浓度限值。

③“承诺更加严格排放限值”当初设计主要是针对火电的超低排放，现在如果企业自愿加严，可以在此处填报。

表3-10 大气污染物有组织排放表申请要点

序号	排放口编号	污染物种类	申请许可排放浓度限值/（mg/Nm³）①	申请许可排放速率限值/（kg/h）①	申请年许可排放量限值/（t/a）②					申请特殊排放浓度限值⑤/（mg/Nm³）	申请特殊时段许可排放量限值⑥
					第一年	第二年	第三年	第四年	第五年		
主要排放口											
		颗粒物									
		SO_2									
		NO_x									
		VOCs									
		……									
主要排放口合计③		颗粒物									
		SO_2									
		NO_x									
		VOCs									
一般排放口											
一般排放口合计		颗粒物									
		SO_2									
		NO_x									
		VOCs									

续表

序号	排放口编号	污染物种类	申请许可排放浓度限值/（mg/Nm^3）①	申请许可排放速率限值/（kg/h）①	申请年许可排放量限值/（t/a）②					申请特殊排放浓度限值⑤/（mg/Nm^3）	申请特殊时段许可排放量限值⑥
					第一年	第二年	第三年	第四年	第五年		
全厂有组织排放总计											
全厂有组织排放总计④		颗粒物									
		SO_2									
		NO_x									
		VOCs									

注意要点：

①许可排放浓度和许可排放量是审核的重点，如果企业填报错误，审核人员可以进行修改。核实许可排放浓度不应大于排放标准要求。需要特别注意环评批复的时间节点，对环评批复在2015年之后的，应将环评及其批复中要求的浓度限值与标准浓度限值进行取严，审核部门应核实“申请许可排放浓度限值”一栏，确保该栏不出现数值大于环评及其批复中要求的限值的现象。

②企业在填报许可排放量时需要将详细的计算过程上传，审核部门通过计算过程来核定企业许可排放量计算是否正确。在此将许可排放量核定方法简要地介绍下，以便于审核人员更好地核实企业上传的计算过程是否正确。

对于有组织污染物许可排放量的计算通过设计年生产小时数×设计排气量×许可排放浓度来核定，

其中：年生产小时数是环评批复中给定的小时数；设计排气量是与合法生产能力对应的排气量；许可排放浓度即申请的许可排放浓度限值。

③通常主要排放口中颗粒物、二氧化硫和氮氧化物三者的申请年许可排放量为必填项，个别行业可能会涉及挥发性有机物。如果地方有加严要求，可以增加其他污染物的许可。

④通常不需要填报一般排放口的污染物许可排放量。主要排放口污染物许可排放量合计与全厂有组织排放总计相同。审核人员需要核对企业总量指标文件，确保企业所填写的“全厂有组织排放总计”数据不大于相应污染物的总量指标。如果是在2015年1月1日（含）后，则还需考虑环评及批复中的总量，三者取其严。

⑤如地方政府对“重污染天气应对期”有要求的，需要申请特殊排放浓度限值、特殊时段许可排放量限值时填写。

⑥特殊时段的许可排放量为重污染应对期日许可排放量，与环统相结合，将有组织排放源中的颗粒物、二氧化硫、氮氧化物三种污染因子前一年的环统实际排放量折算到日均值，并根据消减比例确定日许可排放量。

表3-11 大气污染物无组织排放表申请要点

序号	无组织排放编号	产污环节①	污染物种类①	主要污染防治措施①	国家或地方污染物排放标准		其他信息	年许可排放量限值/（t/a）②					申请特殊时段许可排放量限值③
					名称	浓度限值/（mg/Nm^3）		第一年	第二年	第三年	第四年	第五年	
…	…	…	…	…	…	…	…	…	…	…	…	…	…
全厂无组织排放总计													
全厂无组织排放总计④			颗粒物										
			SO_2										
			NO_x										
			VOCs										

注意要点：

①审核无组织排放编号、产污环节、污染物种类、主要污染防治措施和排放标准填报是否完整时，需要注意厂界管控的污染因子及其排放标准是否有遗漏；主要污染防治措施是否有遗漏。

②个别行业无组织排放对“挥发性有机物”许可排放量，如石化行业针对三个源项，生产装置的设备管线与组件密封点泄漏挥发性有机物、挥发性有机液体储罐排放的挥发性有机物以及挥发性有机液体装载过程排放的挥发性有机物许可排放量。

③特殊时段不对无组织排放进行许可，可以不填。“申请特殊时段许可排放量限值”现阶段暂时填写“/”。

④挥发性有机物包括有组织和无组织的，近几年部分地区将挥发性有机物作为总量指标之一，对于总量指标既有有组织又有无组织且能够分开的，应确保企业所填写的“全厂无组织排放总计”数据不大于总量指标中无组织总量指标。总量指标既有有组织又有无组织，无法分开的，由地方生态环境主管部门自行确定，确保总量不超。

表3-12　挥发性有机物无组织排放量分类统计表申请要点

无组织排放源类型	年许可排放量限值/（t/a）					申请特殊时段许可排放量限值
	第一年	第二年	第三年	第四年	第五年	
设备管线与组件						
装载						
储罐						

注意要点：

此表中三个排放源挥发性有机物的许可排放量为表3-11中自动带入，审核是否申请三年的排放量，即设备管线与组件密封点泄漏的挥发性有机物、挥发性有机液体储罐排放的挥发性有机物以及挥发性有机液体装载过程排放的挥发性有机物三年许可排放量。

表3-13　企业大气排放总许可量表申请要点

序号	污染物种类	第一年/（t/a）	第二年/（t/a）	第三年/（t/a）	第四年/（t/a）	第五年/（t/a）
	颗粒物					
	SO_2					
	NO_x					
	VOCs					

注意要点：

重点与各总量指标文件进行对比，确保从严确定许可排放量。

3.2.3.4 水污染物排放信息见表3-14至表3-18。

表3-14 废水直接排放口基本情况表申请要点

序号	排放口编号	排放口地理坐标		排放去向	排放规律	间歇排放时段	受纳自然水体信息		汇入受纳自然水体处地理坐标		其他信息
		经度	纬度				名称	受纳水体功能目标	经度	纬度	
…	…	…	…	…	…	…	…	…	…	…	…

注意要点：

对于废水总排放口，应审核排放口编号、排放口经纬度、排放去向、排放规律、进入自然水体信息是否填报完整。如果对于车间或生产设施排口，可不填写受纳水体信息，但需填报排放口地理坐标，便于后续管理。

表3-15 雨水排放口基本情况表申请要点

序号	排放口编号	排放口地理坐标		排放去向	排放规律	间歇排放时段	受纳自然水体信息		汇入受纳自然水体处地理坐标		其他信息
		经度	纬度				名称	受纳水体功能目标	经度	纬度	

注意要点：

需审核雨水排放口编号、排放口经纬度、排放去向、排放规律是否填报完整，为今后的环境监管打好基础准备。雨水排口是单独编号，填写企业内部编号，如无内部编号，则采用“YS+三位流水号数字”（如YS001）进行编号。

表3-16　废水间接排放口基本情况表审核要点

序号	排放口编号	排放口地理坐标		排放去向	排放规律	间歇排放时段	受纳污水处理厂信息		
		经度	纬度				名称	污染物种类	国家或地方污染物排放标准浓度限值/（mg/L）
…	…	…	…	…	…	…	…	…	

注意要点：

对于间排需要审核废水总排放口经纬度、排放去向、排放规律，受纳污水处理厂名称等是否填报完整。需重点关注的：受纳污水处理厂是园区污水处理厂还是城镇污水处理厂，与后面核定废水许可排放浓度有关。如果进入城镇污水处理厂，则按直排标准进行核定许可排放浓度；如果进入园区污水处理厂，常规因子可以商定，特征因子则按间排标准核定许可排放浓度。

表3-17　废水污染物排放执行标准表申请要点

序号	排放口编号	污染物种类	国家或地方污染物排放标准		其他信息
			名称	浓度限值/（mg/L）	
…	…	…	…	…	…

注意要点：

需审核污染物种类、执行标准名称、浓度限值是否填报完整。对于直接排放，注意与地方排放标准相结合。对于间接排放，只有进入园区污水处理厂时常规污染物可以协商排放浓度，其他按标准确定。协商浓度时，应根据协议确定；排放一类污染物的车间排放口，根据技术规范要求，按照装置类型，核实执行的排放标准、浓度限值是否正确。特别注意：车间排放口管控的污染物，无论直排或间排，排放标准限值相同。

表3-18 废水污染物排放申请要点

序号	排放口编号	污染物种类[①]	申请排放浓度限值[②]/（mg/L）	申请年排放量限值/（t/a）[③]					申请特殊时段排放量限值[⑤]
				第一年	第二年	第三年	第四年	第五年	
主要排放口									
主要排放口合计[④]		COD_{Cr}							
		氨氮							
一般排放口									
设施或车间废水排放口									
全厂排放口源									
全厂排放口总计		氨氮							
		COD_{Cr}							

注意要点：

①审核废水总排口污染物种类、排放浓度限值填报是否完整。

②对于2015年1月1日（含）后取得环评批复的企业，申请许可排放浓度不得大于环评及批复中的排放浓度。对于在2015年1月1日（含）后取得环评批复的企业，车间排放口一类污染物的许可排放浓度不得大于环评及批复中排放浓度。

③申请年排放量不得大于已有的总量控制指标；在2015年1月1日（含）后取得环评批复的企业，申请排放量不得大于环评及批复的总量。

④管控许可排放量的因子包括COD和氨氮，根据所在区域及排放去向，确定是否增加总磷、总氮，根据受纳水体确定是否增加其他控制因子。

⑤废水不需要填报特殊时段许可排放量限值。“申请特殊时段排放量限值”现阶段暂时填写“/”。

废水许可排放量审核：根据规范要求和企业提供的计算过程，核实许可排放量的准确性。同时需要注意以下两点：一是废水许可排放量核算通过合法的加工能力或产品产能、排水量和许可排放浓度来核定。二是对于排水量，依据标准采用基准排水量；执行标准中无基准排水量的取近5年单位产品实际排水量的平均值，但需剔除浓度限值超标或者监测数据缺失时段，运行不满5年的则从投产之日开始计算；同时需要满足地方的要求。

3.2.3.5　噪声排放信息见表3-19。

表3-19　噪声排放信息[①]

噪声类别[②]	生产时段		执行排放标准名称	厂界噪声排放限值		备注
	昼间	夜间		昼间/dB（A）	夜间/dB（A）	

注意要点：

①地方法规要求在排污许可证中管控噪声的，应填报相关内容。

②有核发权的生态环境主管部门可以要求企业填报噪声排放信息。注意噪声类别填报的完整性。

3.2.3.6 固体废物信息见表3-20。

表3-20 固体废物信息

危险废物								
行业类别	固体废物类别	固体废物名称	代码	危险特性	物理性状	产生环节	去向[①]	备注
…								
一般工业固体废物								
行业类别	固体废物类别	固体废物名称	代码	类别	物理性状	产生环节	去向[①]	备注
…								

注意要点：
①去向包含：自行贮存；自行利用/处置；委托贮存/利用/处置

3.2.3.7 环境管理要求见表3-21至表3-24。

表3-21 自行贮存和自行利用/处置设施信息表

<table>
<tr><th colspan="7">自行贮存和自行利用/处置设施基本信息</th></tr>
<tr><td colspan="2">名称</td><td colspan="2">□自行贮存设施
□自行利用/处置设施</td><td colspan="2">编号</td><td></td></tr>
<tr><td colspan="2">类型</td><td colspan="2"></td><td colspan="2">位置</td><td></td></tr>
<tr><td colspan="2">是否符合相关标准要求
（仅贮存设施填报）</td><td colspan="2">□是
□否</td><td colspan="2">自行利用/处置方式</td><td></td></tr>
<tr><td colspan="2">自行贮存/利用/处置能力</td><td colspan="2"></td><td colspan="2">面积（仅贮存设施填报）</td><td></td></tr>
<tr><th colspan="7">自行贮存/利用/处置危险废物基本信息</th></tr>
<tr><th>序号</th><th>名称</th><th>代码</th><th>危险特性</th><th>物理性质</th><th>产生环节</th><th>备注</th></tr>
<tr><td></td><td></td><td></td><td></td><td></td><td></td><td></td></tr>
<tr><td>…</td><td>…</td><td>…</td><td>…</td><td>…</td><td>…</td><td>…</td></tr>
<tr><th colspan="7">自行贮存/利用/处置一般工业固体废物基本信息</th></tr>
<tr><th>序号</th><th>名称</th><th>代码</th><th>类别</th><th>物理性质</th><th>产生环节</th><th>备注</th></tr>
<tr><td></td><td></td><td></td><td></td><td></td><td></td><td></td></tr>
<tr><td>…</td><td>…</td><td>…</td><td>…</td><td>…</td><td>…</td><td>…</td></tr>
<tr><th colspan="7">污染防控技术要求①</th></tr>
<tr><td colspan="7"></td></tr>
</table>

注意要点：

①填报排污单位自行贮存和自行利用/处置设施应履行的工业固体废物相关污染防控技术要求。

表3-22　自行监测及记录信息表申请要点

序号	污染源类别⑥	排放口编号	监测内容③⑤	污染物名称	监测设施	自动监测是否联网	自动监测仪器名称	自动监测设施安装位置①	自动监测设施是否符合安装、运行、维护等管理要求	手工监测采样方法及个数	手工监测频次②	手工测定④方法	其他信息
…	…	…	…	…	…	…	…	…	…	…	…	…	…

注意要点：

①采用自动监测的需填报除“其他信息”外的所有信息。填报手工监测频次和方法，是指在自动监测设施出现故障时，所采用的手工监测。

②采用手工监测的可不填报自动监测相关信息和“其他信息”，其余内容均需填报。

③审核总排口和排放一类污染物的车间排放口监测内容是否包括流量。

④审核污染物监测方式、监测频次、测定方法是否符合规范中自行监测管理要求。

⑤废气监测内容的审核需注意：非燃烧类废气是否填报了烟气流速、烟气温度、烟气含湿量、烟气量；燃烧类废气是否填报了氧含量、烟气流速、烟气温度、烟气含湿量、烟气量。

⑥废气自行监测内容应包括有组织监测、厂界监测和设备与管线组件密封点泄漏检测，注意是否有漏填。

表3-23　环境管理台账信息表申请要点

序号	设施类别	操作参数	记录内容	记录频次	记录形式	其他信息
…	…	…	…	…	…	…

注意要点：

①信息完整性审核记录内容是否包括“生产设施的基本信息”“污染治理设施运行管理信息”“监测记录信息”“其他环境管理信息”等。其中生产设施基本信息记录包括原辅燃料、产品信息、生产装置或设施、公用单元和全厂运行情况等内容。

②生产设施的监测记录内容审核包括废气排放口、厂界、设备与管线组件密封点泄漏监测信息。

③污染防治设施运行管理信息审核包括：有组织废气治理设施运行记录；无组织废气排放控制记录措施执行情况；废水处理设施运行信息；污染治理设施维护记录。

④污染防治设施的监测记录内容审核包括：废气和废水的手动监测或自动监测的详细信息记录。

⑤污染防治设施的其他环境管理信息审核包括：各项运行管理要求落实情况；如出现设施故障时，应记录故障时间、处理措施、污染物排放情况等；如生产设施开停工、检维修时，应记录起止时间、情形描述、应对措施及污染物排放浓度等。

⑥审核记录频次、记录形式和保存时间是否完整。同时需要对照规范内容判定是否符合要求。

⑦“记录频次”规范性审核包括：生产设施运行信息，按班次记录；原辅料，按批次记录和分析检测；污染治理设施，按运行班次记录；监测记录，即按自行监测要求记录；特殊时段按日记录；非正常按次记录。

⑧记录形式可以填写纸质台账也可填写电子台账，或者是二者均有，保存时间不得少于5年。

表3-24　执行报告信息表申请要点

序号	上报频次①	主要内容②	上报截止时间	其他信息
…	…	…	…	…

注意要点：

①针对上报频次，原则上要求企业上报年度、季度报告；地方生态环境主管部门有其他管理要求的，也可以让企业上报月度报告和半年度报告。

②年度执行报告编制内容应包括：基本生产信息、遵守法律法规情况、污染防治设施运行情况、自行监测情况、台账管理情况、实际排放情况及合规判定分析、环境保护税缴纳情况、信息公开情况、排污单位内部环境管理体系建设与运行情况、其他排污许可证规定的内容执行情况、其他需要说明的问题、结论、附图附件要求共13部分内容。注意对于设备故障、非正常工况等属于一事一报范畴。

3.2.3.8 附图附件

1）排污口规范化设置证明材料

排污口规范化设置证明材料应满足《排污口规范化整治技术要求（试行）》（环监〔1996〕470号）的相关要求。地方有更为严格要求的从其规定。其申请要点主要包括以下五个方面。

（1）污水排放口

①实行雨污分流，合理确定污水排放口位置。

②按照要求设置采样点。如在企业废水总排放口、排放一类污染物的车间排放口、污水处理设施的进水和出水口等处设置采样点。

③应设置规范的，便于测量流量、流速的测流段。

（2）废气排放口

①排气筒应设置便于采样、监测的采样口。采样口的设置应符合《固定源废气监测技术规范》（HJ/T397—2007）的要求。

②采样口位置无法满足该规范要求的，其监测孔位置由当地环境监测部门确认。

（3）固体废物贮存、堆放场

①一般固体废物应设置专用贮存、堆放场地。易造成二次扬尘的贮存、堆放场地，应采取不定时喷洒等防治措施。

②有毒有害固体废物等危险废物，应设置专用堆放场地，并必须有防扬散、防流失、防渗漏等防治措施。

（4）固定噪声排放源

①凡厂界噪声超出功能区环境噪声标准要求的，其噪声源均应进行整治。

②在固定噪声源厂界噪声敏感且对外界影响最大处设置该噪声源的监测点，并设立标志牌。

（5）排污口立标要求

①一切排污单位的污染物排放口（源）和固体废物贮存、处置场，必须进行规范化整治，按《环境保护图形标志——排放口（源）》（GB15562.1—1995）、《环境保护图形标志——固体废物贮存（处置）场》（GB15562.2—1995）的要求，设置正确的环境保护图形标志牌。

②环境保护图形标志牌设置位置应距污染物排放口（源）及固体废物贮存（处

置）场或采样点较近且醒目处，并能长久保留，其中噪声排放源标志牌应设置在距选定监测点较近且醒目处。设置高度一般为标志牌上缘距离地面2 m。

③一般性污染物排放口（源）或固体废物贮存、处置场，应设置提示性环境保护图形标志牌。排放剧毒、致癌物及对人体有严重危害物质的排放口（源）或危险废物贮存、处置场，应设置警告性环境保护图形标志牌。

④环境保护图形标志牌的辅助标志上需要填写的栏目，应由环境保护部门统一组织填写，要求字迹工整，字的颜色与标志牌颜色要总体协调。

⑤辅助标志内容：排放口标志名称，单位名称，编号，污染物种类，××环境保护局监制，辅助标志字型应为黑体字。

⑥标志牌尺寸

平面固定式标志牌外形尺寸：a. 提示标志：480 mm×300 mm；b. 警告标志：边长为420 mm。

立式固定式标志牌外形尺寸：a. 提示标志：420 mm×420 mm；b. 警告标志：边长为560 mm；c. 高度：标志牌最上端距地面2 m，地下0.3 m。

⑦标志牌的外观质量要求

标志牌、立柱无明显变形；标志牌表面无气泡，膜或搪瓷无脱落；图案清晰，色泽一致，不得有明显缺损；标志牌的表面不应有开裂、脱落及其他破损。

2）自行监测方案

自行监测方案属于申报资料中的重要内容，编制一份高质量的企业自行监测方案应满足相应法律法规的要求。

（1）《环境保护法》

“第五十五条　重点排污单位应当如实向社会公开其主要污染物的名称、排放方式、排放浓度和总量、超标排放情况，以及防治污染设施的建设和运行情况，接受社会监督。”

列入国家重点监控企业名单的重点排污单位还应当公开其环境自行监测方案。

（2）《国家重点监控企业自行监测及信息公开办法（试行）》

“第四条　企业应当按照国家或地方污染物排放（控制）标准、环境影响评价报告书（表）及其批复、环境监测技术规范的要求，制定自行监测方案。

自行监测方案内容应包括企业基本情况、监测点位、监测频次、监测指标、执行排放标准及其限值、监测方法和仪器、监测质量控制、监测点位示意图、监测结果公开时限等。

自行监测方案及其调整、变化情况应及时向社会公开，并报地市级环境保护主管部门备案，其中装机总容量30万千瓦以上火电厂向省级环境保护主管部门备案。”

“第十八条　企业应将自行监测工作开展情况及监测结果向社会公众公开，公开内容包括：

（一）基础信息：企业名称、法人代表、所属行业、地理位置、生产周期、联系方式、委托监测机构名称等；

（二）自行监测方案；

（三）自行监测结果：全部监测点位、监测时间、污染物种类及浓度、标准限值、达标情况、超标倍数、污染物排放方式及排放去向；

（四）未开展自行监测的原因；

（五）污染源监测年度报告。”

“第二十条　企业自行监测信息按以下要求的时限公开：

（一）企业基础信息应随监测数据一并公布，基础信息、自行监测方案如有调整变化时，应于变更后的五日内公布最新内容；

（二）手工监测数据应于每次监测完成后的次日公布；

（三）自动监测数据应实时公布监测结果，其中废水自动监测设备为每2小时均值，废气自动监测设备为每1小时均值；

（四）每年一月底前公布上年度自行监测年度报告。”

3）附图

要求上传的附图有工艺流程图、总平面布置图和污水和雨水管线图。其申请要点主要包括以下三个方面。

（1）图件应清晰可见、图例明确，且不能有上下左右颠倒的情况。

（2）生产工艺流程图应包括主要生产设施、主要原燃料的流向、生产工艺流程等内容，针对工艺复杂的可上传多张图。

（3）厂区总平面布置图可与污水、雨水管线图合并，应包括主体设施、公辅设施、全厂污水处理站、管线走向等，另外需要注明厂区雨水和污水排放口位置。

3.3 排污许可证核发

3.3.1 排污许可证核发流程

排污许可证审批部门登录全国排污许可证管理信息平台—管理端（图3-4）后进入首页，点击“许可证核发”按钮，进入排污许可证核发系统。

点击要审核的排污单位信息，对排污单位提交的资料完整性、准确性进行审查，审核的重点是排污许可限值、环境管理要求—自行监测要求，主要包括：

①排污单位基本情况。

②主要产品及产能。

③主要原辅材料及燃料。

④排污节点、污染物及污染治理设施。

⑤大气污染物排放信息—排放口。

⑥大气污染物排放信息—有组织排放信息。

⑦大气污染物排放信息—无组织排放信息。

⑧大气污染物排放信息—企业大气排放总许可量。

⑨水污染物排放信息—排放口。

⑩水污染物排放信息—申请排放信息。

图3-4 全国排污许可证管理信息平台—管理端

⑪固体废物管理信息。

⑫环境管理要求—自行监测要求。

⑬环境管理要求—环境管理台账记录要求。

⑭有核发权的地方生态环境主管部门依法增加的管理内容。

⑮相关附件。

审批部门对收到的排污许可证申请，应当根据下列情况分别作出处理：

①依法不需要申请取得排污许可证的，应当即时告知不需要申请取得排污许可证。

②不属于本审批部门职权范围内的，应当即时作出不予受理的决定，并告知排污单位向有审批权的生态环境主管部门申请。

③申请材料的错误可以当场更正的，应当允许排污单位当场更正。

④申请材料不齐全或者不符合法定形式的，应当当场或者在3日内出具告知单，一次性告知排污单位需要补正的全部材料；逾期不告知的，自收到申请材料之日起即视为受理。

⑤属于审批部门职权范围，申请材料齐全、符合法定形式，或者排污单位按照要求补正全部申请材料的，应当受理。

审批部门应当在全国排污许可证管理信息平台上公开受理或者不予受理排污单位申请排污许可证的决定，同时向排污单位出具加盖该审批部门专用印章和注明日期的书面凭证。

对实行排污许可简化管理的排污单位，审批部门应当自受理申请之日起20日内作出审批决定；对符合条件的颁发排污许可证，对不符合条件的不予许可并书面说明理由。

对实行排污许可重点管理的排污单位，审批部门应当自受理申请之日起30日内作出审批决定；需要进行现场核查的，应当自受理申请之日起45日内作出审批决定；对符合条件的颁发排污许可证，对不符合条件的不予许可并书面说明理由。

审批部门应当通过全国排污许可证管理信息平台生成统一的排污许可证编号。

3.3.2 材料审查

审批部门应当对排污单位提交的申请材料进行审查，并可以对排污单位的生产经营场所进行现场核查，企业各项申请材料和生态环境部门补充信息应完整、规范。

审批部门可以组织技术机构对排污许可证申请材料进行技术评估，并承担相应费用。

技术机构应当对其提出的技术评估意见负责，不得向排污单位收取任何费用。

对具备下列条件的排污单位，颁发排污许可证：

①依法取得建设项目环境影响报告书（表）批准文件，或者已经办理环境影响登记表备案手续。

②污染物排放符合污染物排放标准要求，重点污染物排放符合排污许可证申请与核发技术规范、环境影响报告书（表）批准文件、重点污染物排放总量控制要求；其中，排污单位生产经营场所位于未达到国家环境质量标准的重点区域、流域的，还应当符合有关地方人民政府关于改善生态环境质量的特别要求。

③采用污染防治设施可以达到许可排放浓度要求或者符合污染防治可行技术。

④自行监测方案的监测点位、指标、频次等符合国家自行监测规范。

审核主要关注以下几个方面：

①申请排污许可证的企事业单位的生产工艺和产品不属于国家或地方政府明确规定予以淘汰或取缔的。

②申请的企业不位于饮用水水源保护区等法律法规明确规定禁止建设区域内。

③有符合国家或地方要求的污染防治设施或污染物处理能力。

④申请的排放浓度符合国家或地方规定的相关标准和要求，排放量符合相关要求，对2015年1月1日以后的新（改、扩）建项目的排污单位，还应满足环境影响评价文件及其批复的相关要求。

⑤排污口设置符合国家或地方的要求等。

3.3.2.1 材料的完整性审查

企事业单位可以通过全国排污许可证管理信息平台提交排污许可证申请表，也可以通过信函等方式提交申请表。排污许可申请材料应当包括下列事项：

①排污许可证申请表及许可排放量核算过程等附件。

②排污单位申请承诺书。

③重点管理排污单位还应提交申请前信息公开说明。

3.3.2.2 材料的规范性审查

（1）审查承诺书

承诺书上应有排污单位法定代表人或者主要负责人的签字或者盖章，应按照模板签字上报，严禁删改。

（2）审查申请前信息公开情况说明

①根据《排污许可管理办法（试行）》实行重点管理的排污单位在提交排污许可申请材料前，应当将承诺书、基本信息以及拟申请的许可事项向社会公开。公开途径应当包括全国排污许可证管理信息平台等便于公众知晓的方式，公开时间不得少于5个工作日。

②信息公开内容包括承诺书、基本信息以及拟申请的许可事项，其具体含义见《排污许可管理条例》《排污许可管理办法（试行）》中的相关内容。

③信息公开方式应当包括全国排污许可证管理信息平台等便于公众知晓的方式。

④信息公开情况说明表应填写完整，包括起止时间、公开方式、公开内容等，如果在公开时间内有反馈意见则需要该排污单位逐条答复。

⑤信息公开情况说明表署名应为法定代表人，且应与排污许可证申请表、承诺书等保持一致。有法定代表人的一定要填写法定代表人，对于没有法定代表人的企事业单位，如个体工商户、私营企业者等，这些单位可以由实际负责人签字。此外对于集团公司下属不具备法定代表人资格的独立分公司，也可由实际负责人签字。

（3）审查排污许可证申请表

审查表1《排污单位基本信息表》

①填写重点区域的，应结合生态环境部相关公告，核实该排污单位是否执行特别排放限值。

②根据企业投产时间，核实该企业是否为现有排放源。

③核查企业是否有环评批复文件，如有环评批复文件，再查是否填写了环评批复文件文号或备案编号。

④对属于经地方政府依法处理、整顿规范并符合认可或备案要求的项目，审查是否提供并填写证明符合认可或备案要求的相关文件名和文号。

⑤对有主要污染物总量控制指标计划的排污单位，审查是否提供了相关文件文号（或其他能够证明排污单位污染物排放总量控制指标的文件和法律文书）。

⑥污染物总量控制要求应具体到污染物类型及其指标，还应与后续许可量计算过程及许可量申请数据进行对比，按技术规范确定许可量。

⑦审查表1中的相关信息是否填写完整。

审查表2《主要产品及产能信息表》

主要生产单元、生产工艺及生产设施按各行业排污许可证申请与核发技术规范填报，不应混填。其中：

①“生产设施”需要注意各必填生产设施是否填写齐全。申报要求必填的生产设施包括四类：第一类为所有涉及排废气的生产设施；第二类为管控车间排放口的废水产生设施；第三类为公辅设施，如装载、储存等与挥发性有机物无组织排放相关；第四类为挥发性有机物流经的设备与管线组件。

②“生产设施名称”主要填写与产排污相关的设施设备名称，企业按实际情况参考各行业排污许可规范中的名称进行填报。若企业为联合生产装置，应分别填写每一套装置。生产设施编号填写企业的内部设施编号，这与后续的各生产装置设备与管线组件密封点统计相关。若无内部生产装置编号，则采用“PU+三位流水号数字”（如PU001）进行编号并填报。

③“装置原料名称”“产品名称”应填写生产装置的主要原料名称和主要产品名称。

④审核“生产能力”是否是环评批复的产能或地方政府认可或备案的产能，是否包括了国家或地方政府予以淘汰或取缔的产能。生产能力与环评批复或地方政府认可或备案的产能不相符时，审查企业是否提供了说明材料。

⑤“设计年生产时间”应填报环境影响评价文件及其批复意见或地方政府对违规项目的认定或备案文件确定的年生产小时数。

⑥审查必填参数是否填写齐全，用于后续核定许可排放量。填写“是否为产污设施”，可将污染源自动导入到后续的申请表中，以免企业在后续申报时有所遗漏。对照技术规范核实企业所填报的生产设施是否为产污设施，如果属于产污设施，审查“设施参数”是否填写完整。对于有组织废气必填参数包括生产能力、年生产时间、设计排气量；对于装载设施必填物料名称、装载形式、设计年装载量、装载温度。关注点：各生产设施的必填参数将用于后续核定许可排放量。

⑦“储罐”审核要点，涉及“储罐”填报的行业包括石化行业、油气仓储行业。“储罐”的信息是单独列统计表，为了给企业减负，平台设计可以将储罐信息通过Excel表自动导入，表格与2015年发布的《石化行业VOCs污染源排查工作指南》中的表格相同。同时，在《排污许可证申请与核发技术规范 石化工业》（HJ 853—

2017）附录B中单独做了固定顶罐、内浮顶罐和外浮顶罐详细表单，生态环境部门需要审核储罐的必填参数是否填报，是否填写详细表单或者在平台上传了Excel表单。便于企业填报，如果企业只填了必填参数，对其他参数则平台会自动选取默认值，而采用默认值计算得到的许可量会比填报了其他参数的要小。关注点：是否上传储罐详细信息，该信息与后续核定排污许可量相关，包括储罐编号、储罐用途、物料名称、储存温度、设计年周转量、公称容积、罐体内径、罐体高度、年平均储存高度等参数，雷德蒸气压、恩氏蒸馏曲线10%点斜率可以填写实测值，也可以不填写采用默认值，但默认值一般偏小，会使核定的许可排放量偏小。

⑧设备与管线组件密封点数量统计表审核要点，各生产装置中挥发性有机物流经的设备与管线组件密封点应按照装置的类型进行统计，需审核是否填报完整，在单独的统计表中数据是否有缺项。关注点：核定设备与管线组件无组织许可排放量基础数据。

审查表3《主要原辅材料及燃料信息表》

①需要审核原料、辅料、燃料信息是否填报完全，应分别填写原料、辅料、燃料信息种类及具体物质名称，涉及化学品的应填报化学品名称及CAS编号。

a. 原料填报包括生产加工过程中添加的主要原料以及所有有毒有害化学品原材料。

b. 辅料填报包括生产加工过程中添加的主要辅料和污染治理过程中添加的化学品。

c. 燃料种类包括固体燃料（煤炭、煤矸石、焦炭、生物质燃料等）、液体燃料（原油、汽油、煤油、柴油、燃料油等）、气体燃料（天然气、炼厂干气）。

特别注意是否填报有毒有害成分，有毒有害成分与特征污染因子的排放有关，为《优先控制化学品名录》污染物排放标准中的“第一类污染物”以及有关规定的有毒有害物质或元素。检查填写的“有毒有害成分占比”是否正确，正确填写应该是有毒有害物质在总原料或辅料中的成分占比。原料、辅料、燃料的使用量可以采用设计年使用量或根据实际使用量确定。

②在“燃料”信息中，固体燃料应填写燃料灰分、硫分、挥发分及热值（低位发热量）。燃油和燃气填写硫分（液体燃料按硫分计，气体燃料按总硫计，总硫包含有机硫和无机硫）及热值（低位发热量）。

③不需要填写的栏内，画斜杠“/”，不能填“0”。

审查表4《废气产排污环节、污染物及污染治理设施信息表》

①产排污节点应按照技术规范将产排污环节填写完整，包括有组织排放和无组织排放，需要注意石化行业各主要生产装置均应有相应的“设备与管线组件密封点泄漏”无组织排放信息，如果漏填，后续将无法许可无组织许可量。

②在“储罐与装载”部分需要注意是否设有油气回收设施，如果有则需要填报有组织排放信息，未设有油气回收设施的每个储存与装载设施均需填报无组织排放信息。

③应重点审核“污染物种类”有无漏填项，应根据相关标准、使用的原辅材料、反应过程等确定“污染物种类”。

④审核填写的“可行技术”是否为推荐的可行技术，如没有采用推荐的可行技术，应查看排污单位是否提供了相关证明材料。

⑤污染治理设施情况需核实企业是否完整填报污染治理设施及设计参数，设计参数包括废气处理量、年运行时间、污染物出口浓度。这些参数均与后续许可排放量核定相关，而且污染物出口浓度与可行技术的核定有关。

⑥有组织排放口编号应根据地方管理部门给的编号进行填报。如无相关编号，应按编码规则编号填写。

⑦审核“排放口设置是否符合要求”，如填写了“否”，应审查申报单位是否制定了整改措施并将整改措施填入信息平台申报系统中“改正措施”一栏或作为附件上传。

⑧审核“排放口类型”填写是否正确，包括主要排放口、一般排放口和特殊排放口。

审查表5《废水类别、污染物及污染治理设施信息表》

①核实废水类别填报是否完整，废水类别应分别对应工艺（工序）的生产废水、综合废水、生活污水、初期雨水、循环冷却水等。不同类别的废水如果一起汇入污水处理厂进行处理，可一起填报各类废水。需注意，如果有管控的车间排放口，其废水种类需单独填报，如果漏填，则后面无法对车间排放口的一类污染物进行许可。

②审核“污染物种类”是否依据标准确定及污染因子是否有遗漏，废水特征污染物种类应该根据标准、使用的原辅材料、反应过程来确定。

③“废水去向”包括装置预处理设施、污水处理厂、回用，对照技术规范内容核实企业所填报的废水去向是否正确。废水去向不同，其污染治理设施也不同。

④“是否为可行技术”应对照技术规范中“6 污染防治可行技术”检查企业所采用的污染治理技术是否为可行技术，同时需核实污染物出口浓度是否达到排放限值，以判定排污单位所采用的污染治理技术是否能满足现阶段的治污能力。

⑤审查填写的废水排放口编号是否与地方环境保护主管部门现有编号一致，若不一致，排污单位应根据《固定污染源（水、大气）编码规则（试行）》进行编号。

⑥审查排放去向、排放口编号、排放口设置是否符合要求，排放口类型等内容是否填写完整。审核 “排放口设置是否符合要求”，如填写了“否”，应审查申报单位是否制定了整改措施，是否将整改措施填入信息平台申报系统中“改正措施”一栏或作为附件上传。

⑦对排放口编号设置的审核与废气相同，“排放口编号”根据生态环境主管部门给的编号填报，若无相关编号则应按照《固定污染源（水、大气）编码规则（试行）》填报编号。

⑧审查排放口类型填写是否正确。

申报单位的废水排放去向选择填写了“排入厂内综合污水处理站”，其对应的排放口类型选择应“一般排放口-设施或车间排放口”；如申报单位的废水排放去向选择填写了“工业污水集中处理设施”或直接排放，其对应的排放口类型选择“主要排放口-总排放口”。

审查表6《大气排放口基本情况表》

①审核污染因子数量是否符合技术规范要求；必须填写新增污染源环境影响评价批复要求。

②审核排气筒高度、出口内径、经纬度坐标是否填写完整，排气温度可在“其他信息”中填报。

审查表7《废气污染物排放执行标准表》

①审核污染物种类是否与排放口编号相对应，是否执行的是国家或地方污染物排放标准名称、标准号和浓度限值。

②审核新增污染源是否填写了环境影响评价批复要求及承诺更加严格排放限值；对于2015年1月1日（含）后取得环评批复的企业，应在“环境影响评价批复要求”中填报环评及批复的浓度限值。

③环评批复要求应以数据形式填报，不应填报文字。

审查表8《大气污染物有组织排放表》

①许可排放浓度和许可排放量是审核的重点，如果企业填报有错误，审核人员可以进行修改。核实许可排放浓度不应大于排放标准要求。

②需要特别注意环评批复的时间节点，对在2015年1月1日之后取得环评批复的，应将环评及其批复中要求的浓度限值与标准浓度限值进行取严，审核部门应核实“申请许可排放浓度限值”一栏，确保不出现该栏数值大于环评及其批复中要求的限值的现象。

③主要排放口中颗粒物、二氧化硫、氮氧化物和挥发性有机物的申请年许可排放量为必填项，如果地方有更严的要求，可以增加其他污染物的许可。

④企业需要填报五年的许可排放量，同时要将详细的计算过程上传，审核部门通过审查计算过程来确定企业许可排放量计算是否正确。

⑤在此将许可排放量核定方法简要的介绍下，以便于审核人员更好地核实企业上传的计算过程是否正确。

a. 重点管理的排污单位不需要填报一般排放口的污染物许可排放量。主要排放口污染物许可排放量合计与全厂有组织排放总计相同，分别为有组织排放源中颗粒物、二氧化硫、氮氧化物、挥发性有机物的年许可排放量。

b. 对许可排放总量部分，审核人员需要核对企业总量指标文件，确保企业所填写的“全厂有组织排放总计”数据不大于相应污染物的总量指标。如果是2015年1月1日（含）之后批复的建设项目，则还需考虑环评及批复中的总量，三者取其严。

c. 如地方政府对“重污染天气应对期”有要求的，需要申请特殊排放浓度限值、特殊时段许可排放量限值时填写。

d. 特殊时段的许可排放量为重污染应对期日许可排放量，与环统相结合，将有组织排放源中的颗粒物、二氧化硫、氮氧化物三种污染因子前一年的环统实际排放量折算到日均值，并根据消减比例确定日许可排放量。

审查表9《大气污染物无组织排放表》

①审核无组织排放编号、产污环节、污染物种类、主要污染防治措施和排放标准填报是否完整时，需要注意厂界管控的污染因子及其排放标准是否有遗漏，主要污染防治措施是否有遗漏。如企业的“设备与管线组件密封点泄漏”产污环节遗漏了污染防治措施，应填写泄漏检测与修复（LDAR）。

②无组织排放仅对“挥发性有机物”许可排放量，针对以下三个源项，生产装置的设备与管线组件密封点泄漏挥发性有机物、挥发性有机液体储罐排放的挥发性有机物以及挥发性有机液体装载过程排放的挥发性有机物，并许可前五年排放量。

③特殊时段不对无组织排放进行许可，可以不填。“申请特殊时段排放量限值”现阶段暂时填写“/”。

④目前每个储罐的挥发性有机物无组织排放量是通过平台自动计算，审核人员需审核许可量填报是否完整。

⑤审查装载部分，需要对每个装载设施核算挥发性有机物无组织许可排放量，同时根据技术规范要求和企业提交的计算过程审核许可排放量计算是否正确。

⑥审查三个排放源的VOCs是否申请五年的排放量。

⑦挥发性有机物包括有组织和无组织的，近几年部分地区将挥发性有机物作为总量指标之一，对于总量指标中既有有组织又有无组织且能够分开的，应确保企业所填写的“全厂无组织排放总计”数据不大于总量指标中无组织总量指标。总量指标中既有有组织又有无组织的，且无法分开的，由地方生态环境部门自行确定，确保总量不超。

审查表10《排污单位大气排放总许可量》

审核全厂合计的大气排放总许可量，应与各总量指标文件进行对比，确保从严确定许可排放量。根据附件中排污许可量的确定文件，审核其计算过程是否合理、可信。

审查表11《废水直接排放口基本情况表》

①对于废水总排放口，应审核排放口编号、排放口经纬度、排放去向、排放规律、进入自然水体信息是否填报完整。对于车间或生产设施排口，可不填写受纳水体信息，但需填报排放口地理坐标，便于后续管理。

②如果废水为间歇排放，应审核是否填写了间歇排放时段。

③审核是否填写了受纳自然水体名称和功能目标、汇入受纳自然水体处地理坐标等内容。

审查表11-1《雨水排放口基本情况表》

审核雨水排放口编号、排放口经纬度、排放去向、排放规律是否填报完整。如果雨水排口是单独编号，应填写企业内部编号，如无内部编号，则采用“YS+三位流水号数字”（如YS001）进行编号。

审查表12《废水间接排放口基本情况表》

对于间排要审核废水总排放口经纬度、排放去向、排放规律，受纳污水处理厂名称等是否填报完整。需重点关注的：受纳污水处理厂是园区污水处理厂还是城镇污水处理厂，与后面核定废水许可排放浓度有关。

审查表13《废水污染物排放执行标准表》

①审核污染物种类、执行标准名称、浓度限值是否填报完整。对于直接排放，应注意与地方排放标准相结合。对于间接排放，只有进入园区污水处理厂时常规污染物才可以协商排放浓度，其他按标准确定。协商浓度时，应根据协议确定。

②排放一类污染物的车间排放口，根据技术规范要求，按照装置类型，核实其执行的排放标准、浓度限值是否正确。特别注意：车间排放口管控的污染物，无论是直排还是间排，其排放标准限值相同。

审查表14《废水污染物排放》

①审查排污单位是否按排放口编号逐一对应填写了主要排放口（废水总排放口）和设施或车间排放口污染物申请排放浓度限值、申请年排放量限值及申请特殊时段排放量限值。

②审核2015年1月1日（含）后取得环评批复的企业，其申请许可排放限值不得大于环评及批复中的排放限值。核对该企业是否存在同一种污染物既在主要排放口和设施又在车间排放口同时申请许可排放限值的情况，其申请许可排放限值不得大于环评及批复中排放限值。

③注意：单独排入城镇污水处理设施的生活污水排放口和雨水排放口，不用申请排放浓度限值和排放量限值。

如果企业生活污水不是排入城镇污水处理设施，而是单独排入自然水体，此时，其生活污水排放口应按照环评批复要求，申请主要污染物许可排放浓度限值，不用申请许可排放量。

④审核排污单位是否按每一个主要排放口逐年计算了污染物年排放量限值，合计了年排放量限值、全厂排放口总计的年排放量限值和特殊时段污染物申请的排放量限值；是否提供了包括计算方法、计算公式、参数选取过程以及计算结果的计算过程描述等内容。

注意以下两点：

a. 申请年排放量不得大于排污单位已有的总量控制指标。

b. 在2015年1月1日（含）后取得环评批复的企业，其申请排放量不得大于环评及批复的总量。

审查表15《固体废物管理信息》

固体废物包含危险废物和一般工业固体废物。危险废物应填写名称、代码、危险特性、物理性状、产生环节及去向等信息。一般工业固体废物应填写名称、代码、类别、物理性状、产生环节、去向等信息。去向包括自行贮存，自行利用/处置，委托贮存/利用/处置等。若去向填报了自行贮存，应填报自行贮存信息，包括贮存设施名称、编号、类型、位置、是否符合相关标准要求、贮存废物能力、面积，贮存危险废物的名称、代码、危险特性、类别、物理性状、产生环节等。

审查表16《自行监测及记录信息表》

①审核自行监测信息填报的完整性。自行监测信息应包含废气有组织、废气无组织（厂界、设备与管线组件密封点等）、废水排放口、雨水排放口及其他行业规范要求监测的内容，要注意是否漏填废气无组织与雨水排放口。

②监测因子数量及最低监测频次应符合技术规范及自行监测指南的要求。

③采用手工监测的可不用填报自动监测相关信息和“其他信息”，其余的内容均需填报。

④采用自动监测的应填报除“其他信息”外的所有信息，还应填报自动监测设施出现故障时的手工监测频次和方法。

⑤审核总排口和排放一类污染物的车间排放口监测内容是否包括流量。

⑥审核污染物监测方式、监测频次、测定方法是否符合规范中自行监测管理的要求。

注意：重点管理的排污单位监测频次一般比简化管理的排污单位监测频次高。

⑦废气监测内容的审核需注意：

a. 非燃烧类废气是否填报了烟气流速、烟气温度、烟气含湿量、烟气量；

b. 燃烧类废气是否填报了氧含量、烟气流速、烟气温度、烟气含湿量、烟气量。

审查表17《环境管理台账信息表》

排污单位应按照技术规范要求填报环境管理台账信息和频次等其他环境管理信

息。其中，环境管理台账信息主要包括：

①生产设施运行管理信息

正常工况生产线或装置的累计生产时间、生产负荷、主要产品产量、原辅料及燃料使用情况等数据；原辅料、燃料使用情况指种类、名称、用量、有毒有害元素成分及占比；原辅料、燃料采购信息。

②污染治理设施运行管理信息

正常工况：明确记录各治理设施作用的生产环节、治理工艺，分系统记录所有环保设施的运行情况、污染物排放情况、主要药剂添加情况等。

非正常工况：污染治理设施应记录设施名称、编号、设施非正常（停运）时刻、恢复（启动）时刻、污染物排放量、排放浓度、事件原因、是否报告等。

③监测记录信息

包括自动监测及辅助设备运行状况、系统校准、校验记录、定期比对监测记录、维护保养记录、是否故障、故障维修记录、巡检日期等信息。若无自动监测的大气污染物和水污染物指标，排污单位应当按照排污许可证中监测方案所确定的监测频次要求，记录开展手工监测的日期、时间、污染物排放口和监测点位、监测方法、监测频次、监测仪器及型号、采样方法等，并建立台账记录报告。

④其他环境管理信息

排污单位应记录污染治理设施运行、维护、管理等相关信息，包括设施名称、运行时间、检查维护次数、管理人员情况等；应记录厂区降尘洒水、清扫频次，原料或产品场地封闭、遮盖方式，日常检查维护频次及情况等；应记录非正常工况和特殊时段的环境管理信息及排污单位根据环境管理要求，记录其他信息。

（4）附图附件

附图审查：

①排污单位生产工艺流程图、污水处理工艺流程图与该单位厂区总平面布置图要清晰可见、图例明确，且不存在上下左右颠倒的情况。

②生产工艺流程图应包括主要生产设施（设备）、主要原辅料的流向、生产工艺流程等内容。

③污水处理工艺流程图应包括主要处理单元、主要处理构筑物、污水走向、污水管线布置、排放口和排放去向等内容。

④生产厂区总平面布置图应包括主要生产线、厂房、设备位置关系，注明厂区雨水、污水的收集走向、排放口位置等内容。

⑤废水的集中式污水处理厂除了应提供污水处理工艺流程图和厂区总平面布置图外，还应提供纳污范围、纳污企业名单和纳污企业纳管废水量。

附件审查：

①守法承诺书。

②信息公开情况说明表。

③环评批复文件影印件。

④总量计划分配文件影印件。

⑤其他必要的说明材料，如：

—未采用可行技术但具备达标排放能力的证明材料；

—许可排放量计算过程及与总量控制要求取严的过程说明；

—申报单位自愿采取更加严格的排放限值作为申请许可排放浓度和许可排放量依据的材料（注：审批部门应进行核实，并告知生态环境主管部门及企业利弊关系）；

—申报单位排污口规范化设置情况说明材料；

—申报单位不符合环境管理要求的整改措施材料。

3.4 排污许可证重新申请、变更、延续与注销

3.4.1 排污许可证重新申请与变更

（1）重新申请条件

《排污许可管理条例》规定在排污许可证有效期内，排污单位有下列情形之一的，应当重新申请取得排污许可证：

①新建、改建、扩建排放污染物的项目。

②生产经营场所、污染物排放口位置或者污染物排放方式、排放去向发生变化。

③污染物排放口数量或者污染物排放种类、排放量、排放浓度增加。

（2）变更条件

《排污许可管理条例》第十四条规定："排污单位变更名称、住所、法定代表人或者主要负责人的，应当自变更之日起30日内，向审批部门申请办理排污许可证变更

手续。”

《排污许可管理条例》第十六条规定：“排污单位适用的污染物排放标准、重点污染物总量控制要求发生变化，需要对排污许可证进行变更的，审批部门可以依法对排污许可证相应事项进行变更。”

根据《排污许可管理办法（试行）》第四十三条规定：“在排污许可证有效期内，下列与排污单位有关的事项发生变化的，排污单位应当在规定时间内向核发环保部门提出变更排污许可证的申请：

（一）排污单位名称、地址、法定代表人或者主要负责人等正本中载明的基本信息发生变更之日起三十个工作日内；

（二）因排污单位原因许可事项发生变更之日前三十个工作日内；

（三）排污单位在原场址内实施新建、改建、扩建项目应当开展环境影响评价的，在取得环境影响评价审批意见后，排污行为发生变更之日前三十个工作日内；

（四）新制修订的国家和地方污染物排放标准实施前三十个工作日内；

（五）依法分解落实的重点污染物排放总量控制指标发生变化后三十个工作日内；

（六）地方人民政府依法制定的限期达标规划实施前三十个工作日内；

（七）地方人民政府依法制定的重污染天气应急预案实施后三十个工作日内；

（八）法律法规规定需要进行变更的其他情形。

发生本条第一款第三项规定情形，且通过污染物排放等量或者减量替代削减获得重点污染物排放总量控制指标的，在排污单位提交变更排污许可申请前，出让重点污染物排放总量控制指标的排污单位应当完成排污许可证变更。”

若《排污许可管理条例》与《排污许可管理办法（试行）》中同时有的规定项目，应优先执行《排污许可管理条例》。若《排污许可管理办法（试行）》中规定的变更项目，而《排污许可管理条例》未做规定的，按照《排污许可管理办法（试行）》的规定执行变更。

（3）重新申请与变更程序

重新申请与变更需要在全国排污许可证管理信息平台中进行申请。已经取得排污许可证的排污单位可登录国家排污许可申请子系统，在业务办理板块选择“许可证变更”或“许可证重新申请”模块（图3-5），申请重新申请与变更排污许可证。

①排污单位点击进入“许可证变更”或“许可证重新申请”模块，点击页面中的“我要变更”（图3-6）或“许可证重新申请”按钮，即可进行排污许可证的重新申请与变更申请。

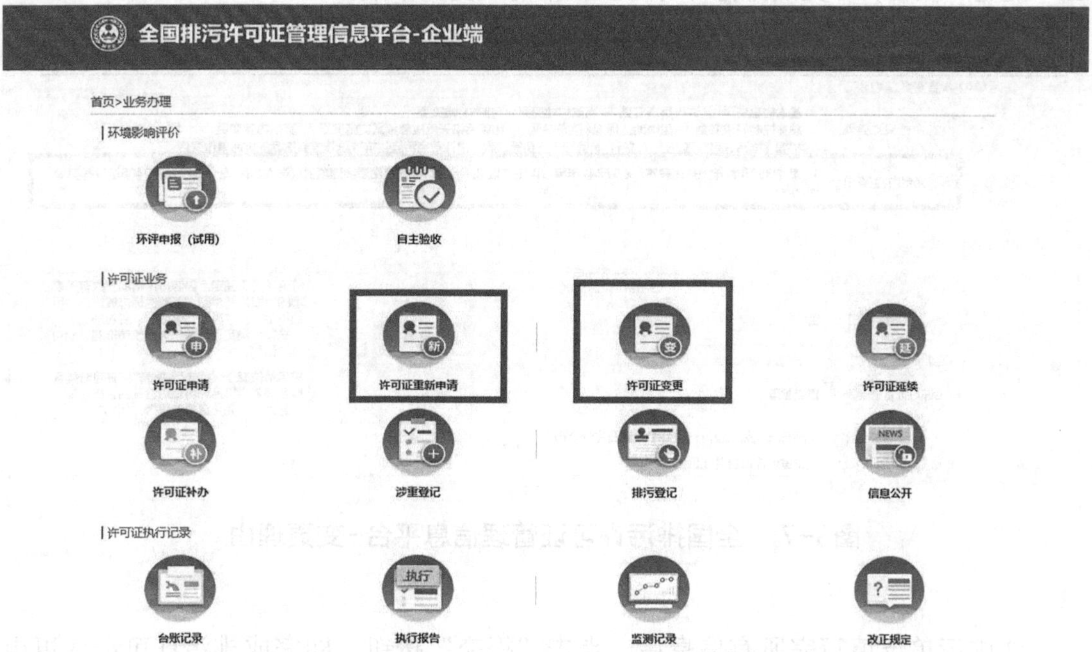

图3-5 全国排污许可证管理信息平台-企业端

图3-6 全国排污许可证管理信息平台-企业端

②排污单位申请重新申请与变更时，需先填写重新申请原因和原因说明，或变更类型和变更内容/事由（图3-7）。前一次排污许可证申请信息自动带入，排污单位可在原有信息基础上填写或修改重新申请或变更内容。排污单位填写完所有信息后，点击“提交”按钮，即完成排污许可证重新申请或变更申报。

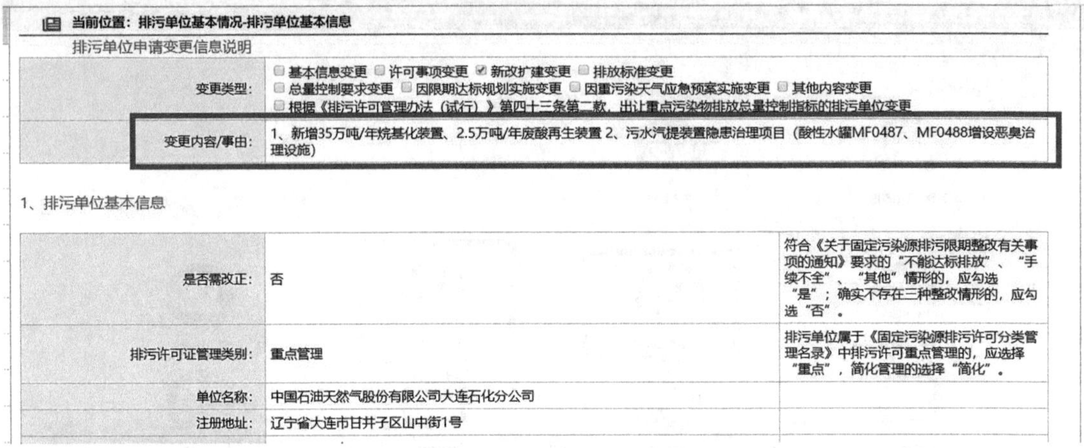

图3-7　全国排污许可证管理信息平台-变更理由

③排污单位填写完所有信息后，点击“提交”按钮，即完成排污许可证变更申报。系统会对变更内容进行标识，绿色文字为排污单位变更过程中新增内容，红色文字为排污单位变更过程中修改内容。

（4）变更应提交的材料

排污许可证变更应提交的材料包括：

① 变更排污许可证申请。

②由排污单位法定代表人或者主要负责人签字或者盖章的承诺书。

③排污许可证正本复印件。

④重点管理排污单位提交申请前信息公开情况说明表。

⑤排污许可证申请表。

⑥建设项目环境影响评价文件审批文号，或者按照有关国家规定经地方人民政府依法处理、整顿规范并符合要求的相关证明材料。

⑦《排污许可管理办法（试行）》实施后（2018年1月10日及之后）的新建、改建、扩建项目排污单位存在通过污染物排放等量或者减量替代削减获得重点污染物排

放总量控制指标情况的，且出让重点污染物排放总量控制指标的排污单位已经取得排污许可证的，应当提供出让重点污染物排放总量控制指标的排污单位的排污许可证完成变更的相关材料。

⑧排污单位新增排污口规范化设置的情况说明。

⑨变更后的自行监测相关材料。

⑩附图，应包括变更后的生产工艺流程图和平面布置图。

根据《排污许可管理条例》排污许可证重新申请提交材料与排污许可证申请提交材料相同。

（5）排污许可证重新申请与变更审核

发证部门受理变更或重新申请后，应当对排污单位提交变更或重新申请材料进行审查，并自受理变更或重新申请之日起的规定时限内作出是否准予变更或重新申请的决定。发证部门同意变更或重新申请，作出准予变更或重新申请决定的，应当在副本中载明变更或重新申请内容并加盖本行政机关印章，同时在全国排污许可证管理信息平台上公告。

3.4.2 排污许可证延续

（1）延续条件

根据《排污许可管理条例》，排污许可证有效期为5年。排污许可证有效期届满，排污单位需要继续排放污染物的，应当于排污许可证有效期届满60日前向审批部门提出申请。审批部门应当自受理申请之日起20日内完成审查，对符合条件的予以延续，对不符合条件的不予延续并书面说明理由。

（2）延续流程

第一步：登录填报界面

排污单位登录全国排污许可证管理信息平台后进入首页-业务办理界面，点击“许可证延续”按钮（图3-8），进入许可证申请页面；点击“我要延续”按钮进入企业填报信息界面（图3-9）。已填写申请，但还未提交，可点击“继续申报”按钮继续完成业务申报。

第二步：填写申请资料

根据排污单位填报信息界面左侧导航，逐步填写许可证申请信息，原来排污许可证的信息会自动带入，若有修改的信息可在原来资料中进行修改，点击“暂存”按

图3-8 全国排污许可证管理信息平台-许可证延续

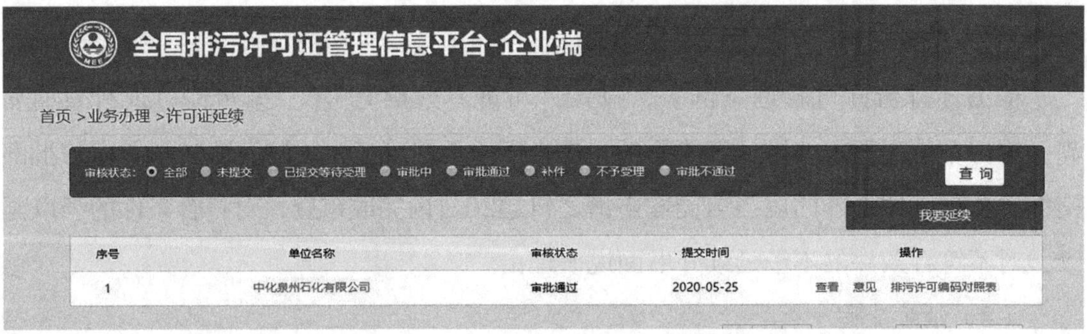

图3-9 全国排污许可证管理信息平台-许可证延续

钮，保存当前填报信息。

企业需要在“全国排污许可证管理信息平台—公开端”至少填报或修改15个页面，如下所示：

①排污单位基本情况。

②主要产品及产能。

③主要原辅材料及燃料。

④排污节点、污染物及污染治理设施。

⑤大气污染物排放信息—排放口。

⑥大气污染物排放信息—有组织排放信息。

⑦大气污染物排放信息—无组织排放信息。

⑧大气污染物排放信息—企业大气排放总许可量。

⑨水污染物排放信息—排放口。

⑩水污染物排放信息—申请排放信息。

⑪固体废弃物污染物排放信息—申请排放信息。

⑫环境管理要求—自行监测要求。

⑬环境管理要求—环境管理台账记录要求。

⑭有核发权的地方生态环境主管部门依法增加的管理内容。

⑮核发环保部门应当按照《排污许可管理条例》《排污许可管理办法（试行）》规定对延续申请材料进行审查，作出延续或者不予延续许可决定。

作出延续许可决定的，向排污单位发放加盖本行政机关印章的排污许可证，收回原排污许可证正本，同时在全国排污许可证管理信息平台上公告。

（3）提交材料

根据《排污许可管理办法（试行）》，申请延续排污许可证的，应当提交下列材料：

①延续排污许可证申请。

②由排污单位法定代表人或者主要负责人签字或者盖章的承诺书。

③与延续排污许可事项有关的其他材料。

3.4.3 排污许可证撤销及注销

（1）排污许可证撤销及注销的情形

《排污许可管理条例》第四十条规定：“排污单位以欺骗、贿赂等不正当手段申请取得排污许可证的，由审批部门依法撤销其排污许可证，处20万元以上50万元以下的罚款，3年内不得再次申请排污许可证。”

根据《排污许可管理办法（试行）》（环境保护部令第48号）第四十九条的规定，“有下列情形之一的，核发环保部门或者其上级行政机关，可以撤销排污许可证并在全国排污许可证管理信息平台上公告：

（一）超越法定职权核发排污许可证的；

（二）违反法定程序核发排污许可证的；

（三）核发环保部门工作人员滥用职权、玩忽职守核发排污许可证的；

（四）对不具备申请资格或者不符合法定条件的申请人准予行政许可的；

（五）依法可以撤销排污许可证的其他情形。”

根据《排污许可管理办法（试行）》第五十条的规定，“有下列情形之一的，核发环保部门应当依法办理排污许可证的注销手续，并在全国排污许可证管理信息平台上公告：

（一）排污许可证有效期届满，未延续的；

（二）排污单位被依法终止的；

（三）应当注销的其他情形。”

注意：该条“依法办理排污许可证的注销手续”，核心是分清注销排污许可证是由排污单位主张还是核发排污许可证的行政机关主张。因适用不同的注销情形应当有不同的注销形式和程序。

对于适用“排污许可证有效期届满，未延续的”注销情形的，应由核发排污许可证的行政机关（生态环境部门或其他行政审批机关）直接在全国排污许可证管理信息平台上办理排污许可证注销手续，并在全国排污许可证管理信息平台上公告。

对于适用“排污单位被依法终止的”注销情形的，根据《企业法人登记管理条例》《事业单位登记管理暂行条例》《个体工商户条例》等法律法规规定，排污单位被依法终止主体资格的同时，应主动到核发排污许可证的行政机关提出注销排污许可证的主张，核发排污许可证的行政机关根据排污单位主张在全国排污许可证管理信息平台上办理排污许可证注销手续，并在全国排污许可证管理信息平台上公告。排污单位主体资格被依法撤销、吊销的，核发排污许可证的行政机关可根据排污单位主体资格登记机关的主张，直接在全国排污许可证管理信息平台上办理排污许可证注销手续，并在全国排污许可证管理信息平台上公告。

对于适用“应当注销的其他情形”注销条件的，可分为以下几种情况：

①排污单位被生态环境部门提出建议报有批准权的人民政府批准责令停业、关闭的，核发排污许可证的行政机关应在生态环境部门提出建议的同时，直接在全国排污许可证管理信息平台上办理排污许可证注销手续，并在全国排污许可证管理信息平台上公告。

②排污许可证依法被撤销、撤回的，由核发排污许可证的行政机关直接在全国排污许可证管理信息平台上办理排污许可证注销手续，并在全国排污许可证管理信息平台上公告。

③因不可抗力导致许可事项无法实施的，核发排污许可证的行政机关根据排污单位主张在全国排污许可证管理信息平台上办理排污许可证注销手续，并在全国排污许可证管理信息平台上公告。

根据《排污许可管理办法（试行）》第六十二条的规定，“本办法第六十一条第一款规定的排污许可证规定的改正期限到期，排污单位仍不符合许可条件的，由核发环保部门依据《中华人民共和国大气污染防治法》第九十九条或者《中华人民共和国水污染防治法》第八十三条或者《建设项目环境保护管理条例》第二十三条的规定，提出建议报有批准权的人民政府批准责令停业、关闭，并按照本办法第五十条规定注销排污许可证。”

排污许可证被依法注销后，排污单位继续排放污染物的，按照无证排污严肃查处。

（2）排污许可证注销登记流程

①排污许可证审批部门使用用户名和密码登录“全国排污许可证管理信息平台—管理端”（图3-10）。

②选择“许可证核发模块”（图3-11）。

③进入“业务审核”→“许可证业务登记”→“许可证注销”页面，选择“登记”按钮（图3-12）。

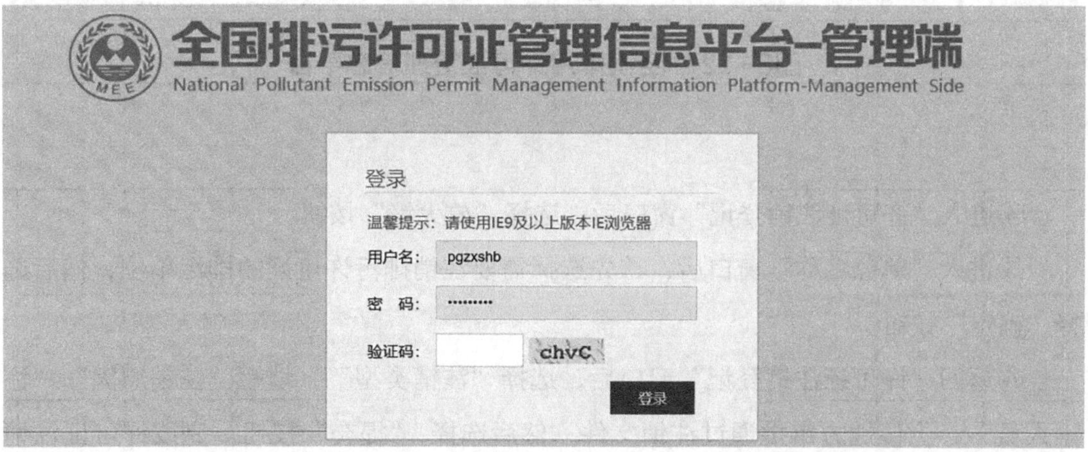

图3-10 全国排污许可证管理信息平台-管理端入口

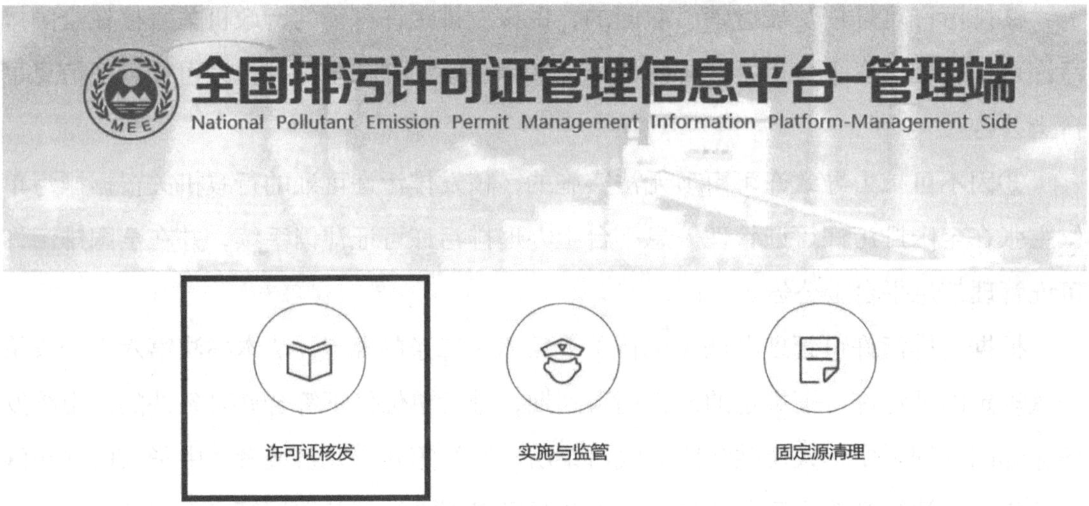

图3-11　全国排污许可证管理信息平台-管理端首页

图3-12　全国排污许可证管理信息平台

④进入“许可证注销登记”窗口后，选择“放大镜”按钮。

⑤进入“单位名称”窗口后，首先选择需要注销排污许可证的排污单位，然后选择“确定”按钮。

⑥返回“许可证注销登记”窗口后，选择“注销类型”，填写“注销原因”“注销人员”，上传地方审批通过注销文件，然后选择“提交”按钮。完成许可证注销登记操作。

3.5 排污登记

排污登记操作相对于排污许可证申请，较为简单（图3-13）。

图3-13 排污登记流程

第一步：用注册的用户名和密码登录进入平台首页，选择“排污登记”。

第二步：点击“登记申请”。

第三步：进入登记申请后，点击操作处“申请登记”按钮，进入登记申请表页面。

第四步：填报登记信息（共8部分内容）。

（1）排污单位基本信息填报

涉重清单调查的企业请务必选择重金属行业。

（2）主要产品信息填报

如涉及多个行业， 可分别选择对应的“行业类别”后，点击“添加产品”，新增相应行业的产品。

生产工艺名称指与产品、产能相对应的生产工艺，填写内容应与排污单位环境影响评价文件一致。非生产类单位可不填。

主要产品填报主要某种或某类产品及其生产能力。生产能力填写设计产能，无设计产能的可填上一年实际产量。非生产类单位可不填。

（3）燃料使用信息

使用固体和液体燃料10 t/a以上、气体燃料1万m^3/a以上填写。

（4）涉VOCs辅料使用信息

使用涉VOCs辅料1 t/a以上填写。涉VOCs辅料包括涂料、油漆、胶粘剂、油墨、有机溶剂和其他含挥发性有机物的辅料，分为水性辅料和油性辅料，使用量应包含稀释剂、固化剂等添加剂的量。

（5）废气排放信息

废气污染治理设施：对于有组织废气，污染治理设施名称包括除尘器、脱硫设施、脱硝设施、VOCs治理设施等；对于无组织废气排放，污染治理设施名称包括分散式除尘器、移动式焊烟净化器等。

废气排放口名称：指有组织的排放口，不含无组织排放。排放同类污染物、执行相同排放标准的排放口可合并填报，否则应分开填报。

（6）废水排放信息

废水污染治理设施指主要污水处理设施名称，如“综合污水处理站”“生活污水处理系统”等。

废水排放去向指废水出厂界后的排放去向，不外排包括全部在工序内部循环使用、全厂废水经处理后全部回用不向外环境排放（畜禽养殖行业废水用于农田灌溉也属于不外排）；间接排放去向包括去工业园区集中污水处理厂、市政污水处理厂、其他企业污水处理厂等；直接排放包括进入海域、进入江河、湖、库等水环境。

（7）工业固体废物信息

根据《国家危险废物名录》《危险废物鉴别标准》判定是否属于危险废物。

（8）其他需要说明的信息

填写排污单位与污染物排放有关的其他信息，或某些特殊的行业生产工艺或者其他表无法说明的在此处填写。

第五步：信息提交，系统自动生成登记表和生成回执。排污单位可打印排污登记表和回执后留存备查。

4

排污许可证后执行

对于排污单位来说应当遵守排污许可证规定，按照许可证要求运行和维护污染防治设施，建立环境管理制度。在取得许可证后，应执行许可证中载明的自行监测、环境管理台账、执行报告、信息公开等内容要求。

第4章4.1～4.3小节讲述排污许可证后执行的主要内容，包括日常环境管理和台账记录，执行报告的编制及提交，排污许可证执行报告的合规性判定。自动监测等重要问题在4.4小节单独说明，包括自行监测方案情况、自动监测情况和实际排放量核算三部分，将证后执行中自动监测执行情况、实际排放量核算等内容一一说明。

4.1 日常环境管理和台账记录

排污单位应该根据排污许可证载明的要求，建立环境管理台账记录制度，按照排污许可证规定的格式、内容和频次，如实记录主要生产设施、污染防治设施运行情况以及污染物排放浓度、排放量。

环境管理台账记录包括排污许可证基本要求，排污单位可自行增加和加严记录的要求，生态环境主管部门依据法律法规、标准规范增加和加严记录要求。从记录内容来看包括基本信息、生产设施运行管理情况、污染治理设施运行管理情况、监测记录情况和异常及事故情况。

4.1.1 企业基本信息

企业基本信息包括排污单位名称、行业类别、产品名称等基本信息，基本信息的具体内容见表4-1。对于未发生变化的基本信息，按年记录，1次/年；对于发生变化的基本信息，在发生变化时记录1次。

表4-1 排污单位记录表

单位名称	生产经营场所地址	行业类别	法定代表人	统一社会信用代码	产品名称	生产工艺	生产规模	环保投资	环评批复文号①	排污权交易文件	排污许可证编号

注：①列出环评批复文件文号、备案编号，或者地方政府出具的认定或备案文件文号。

4.1.2 生产设施运行情况

生产设施运行管理信息包括主体工程、公用工程、辅助工程、储运工程等单元。

（1）正常工况：

包括运行状态、生产负荷、主要产品产量、原辅料及燃料等，需要填报的具体内容见表4-2。

①运行状态：是否正常运行，主要参数名称及数值。一般按日或批次记录，1次/日或批次。

②生产负荷：主要产品产量与设计生产能力之比。一般按日或批次记录，1次/日或批次。

③主要产品产量：名称、产量。连续生产的，按日记录，1次/日。非连续生产的，按照生产周期记录，1次/周期；周期小于1天的，按日记录，1次/日。

④原辅料：名称、用量、硫元素占比、有毒有害物质及成分占比（如有）。按照采购批次记录，1次/批。

表4-2 生产设施记录表

生产设施（设备）名称①	编码	生产设施型号	主要生产设施（设备）规格参数②				设计生产能力		运行状态		生产负荷	产品产量				原辅料						
			参数名称	设计值	实际值	单位	生产能力	单位	开始时间③	结束时间③		中间产品	单位④	最终产品	单位④	名称	种类	用量	单位	有毒有害元素		来源地
																				成分	占比	

注：①指主要生产设施（设备）名称。
②指设施（设备）的设计规格参数，包括参数名称、设计值、实际值、计量单位；参数名称包括排污许可证载明的参数及其他参数，如储罐参数包括尺寸、运行时间等，焚烧炉参数包括平均燃烧率、热酌减率、焚毁去除率等；对于设计值与实际值相同的参数，可仅填报设计值。
③开始时间、结束时间为记录频次内的起止时刻。
④中间产品和单位可选填。

⑤ 燃料：名称、用量、硫元素占比、热值等，需填报的具体内容见表4-3。燃料信息需要按照采购批次记录，1次/批。

表4-3　燃料信息记录表

名称①	用量	低位热值	单位	品质②								
				燃煤				燃油		燃气		其他燃料
				含硫量/%	灰分/%	挥发分/%	其他③	含硫量/%	其他③	硫化氢含量/%	其他③	相关物质含量

注：①指燃料名称，包括燃煤、燃油、燃气等。
②根据燃料类型对应填写，可以收到基品质为准。
③指燃料燃烧后与污染物产生有关的成分。

⑥其他：用电量等。

（2）非正常工况

包括起止时间、产品产量、原辅料及燃料消耗量、事件原因、应对措施、是否报告等。按照工况期记录，1次/工况期。

对于无实际产品、燃料消耗、非正常工况的辅助工程及储运工程的相关生产设施，仅记录正常工况下的运行状态和生产负荷信息。

4.1.3　污染治理设施运行情况

（1）正常情况

包括运行情况、主要药剂添加情况等。废气和废水污染防治设施运行需要填报具体内容见表4-4和表4-5。

①运行情况：是否正常运行；治理效率、副产物产生量等。按日记录，1次/日。

②主要药剂（吸附剂）添加情况：添加（更换）时间、添加量等。按日或批次记录，1次/日或批次。

③涉及DCS系统的，还应记录DCS曲线图。DCS曲线图应按不同污染物分别记录，至少包括烟气量、污染物进出口浓度等。按月记录，1次/月。

（2）异常情况

起止时间、污染物排放浓度、异常原因、应对措施、是否报告等。按照异常情况期记录，1次/异常情况期。异常情况需填报具体内容见表4-6。

表4-4 废气污染防治设施记录表

防治设施名称	编码	防治设施型号	主要防治设施规格参数			运行状态			污染物排放情况				排气筒高度/m	排口温度/℃	压力/kPa	排放时间/h	耗电量/kW/·h	副产物		药剂情况		
			参数名称	设计值	单位	开始时间	结束时间	是否正常	烟气量/(m^3/h)	污染因子	治理效率/%	数据来源						名称	产生量/t	名称	添加时间	添加量/t

注：根据行业特点及监测情况，选择记录“治理效率”。

表4-5 废水污染防治设施记录表

防治设施名称	编码	防治设施型号	主要防治设施规格参数			运行状态			污染物排放情况					污泥产生量	处理方式	耗电量	药剂情况		
			参数名称	设计值	单位	开始时间	结束时间	是否正常	出口流量/(m^3/d)	污染因子	治理效率/%	数据来源	排放去向				名称	添加时间	添加量/t

注：根据行业特点及监测情况，选择记录“治理效率”。

表4-6 污染防治设施异常情况记录表

防治设施名称	编号	异常情况起始时刻	异常情况终止时刻	污染物排放情况			事件原因	是否报告	应对措施
				污染物种类	排放浓度	排放去向			

4.1.4 环境监测执行情况

按照排污许可证中自行监测方案要求，排污单位开展污染物和环境质量监测，按要求记录相关监测结果，填报的具体内容见表4-7和表4-8。

表4-7 有组织废气监测情况记录表

序号	排放口编号	监测日期	监测时间	出口										进口									
				标态干烟气量/(Nm³/h)	氧含量/%	二氧化硫/(mg/m³)		颗粒物/(mg/m³)		氮氧化物/(mg/m³)		……		标态干烟气量/(Nm³/h)	氧含量/%	二氧化硫/(mg/m³)		颗粒物/(mg/m³)		氮氧化物/(mg/m³)		……	
						监测结果	折标值	监测结果	折标值	监测结果	折标值					监测结果	折标值	监测结果	折标值	监测结果	折标值		

注：进口监测数据按照监测方法、设备条件、企业需求选择性填报。

表4-8 废水监测情况记录表

序号	排放口编号	监测日期	监测时间	出口					进口				
				化学需氧量/(mg/L)	生化需氧量/(mg/L)	氨氮/(mg/L)	悬浮物/(mg/L)	……	化学需氧量/(mg/L)	生化需氧量/(mg/L)	氨氮/(mg/L)	悬浮物/(mg/L)	……

注：进口监测数据按照监测方法、设备条件、企业需求选择性填报。

自行监测结果应在执行报告中按照要求填报，关于固定污染源的监测记录台账还应上报至排污许可平台。

4.1.5 管理台账执行情况

环境管理台账记录应明确责任单位和责任人，明确其工作职责，并对环境管理台账的真实性、完整性和规范性负责。一般按日或按批次进行记录，异常情况应按次记录。纸质台账和电子台账同步记录。在环境管理工作中，应保证台账完备。

①纸质存储：应将纸质台账存放于保护袋、卷夹或保护盒等保存介质中；由专人签字、定点保存。应采取防光、防热、防潮、防细菌及防污染等措施。如有破损应及时修补，并留存备查，保存时间原则上不低于5年。

②电子化存储：应存放于电子存储介质中，并进行数据备份，可在排污许可管理

信息平台填报并保存。由专人定期维护管理，保存时间原则上不低于5年。

环境管理台账记录保存期限不得少于5年。电子台账应填报至排污许可平台企业端中。

实施简化管理的排污单位，其环境管理台账内容可适当缩减，至少应记录污染防治设施运行管理信息和监测记录信息，记录频次可适当降低。

4.1.6　排放限值达标情况

排放限值达标包括排放浓度达标和排放量达标。

①排放浓度达标：需要明确企业污染物排放的达标情况，除企业自行监测计划的监测结果外，还应说明监督性监测的结果和达标情况。对于使用自动监测的污染物，企业应对数据校核和修约后，明确全年数据的达标情况。

对于非正常排放和事故时超标排放情况，企业应结合环境管理台账说明排放浓度的达标情况。

②排放量达标：根据相应污染物源强核算技术指南或者污染物排放量核算的具体要求，明确企业实际排放量的达标情况，对许可排放量的污染物种类进行核算。对于非正常排放和事故也应核算污染物的排放量。

4.1.7　信息公开情况

企业应该将污染物排放种类、污染物排放浓度和排放量、污染防治设施的建设运行情况、排污许可证执行报告、自行监测数据在排污许可管理平台上公示，并将相关内容在全国排污许可证管理信息平台—企业端填报，平台界面内容见图4-1。

4.1.8　管理体系建设运行情况

企业建立完善环境管理体系，落实相关责任。应说明环境管理机构及人员设置情况、环境管理制度建立情况、企业环境保护规划、环保措施整改计划等。

对于企业自行开展手工监测的企业，应明确自行监测质量体系的建设情况。质量体系应包括对以下内容的具体描述：监测机构，人员，出具监测数据所需仪器设备，监测辅助设施和实验室环境，监测方法技术能力验证，监测活动质量控制与质量保证等。

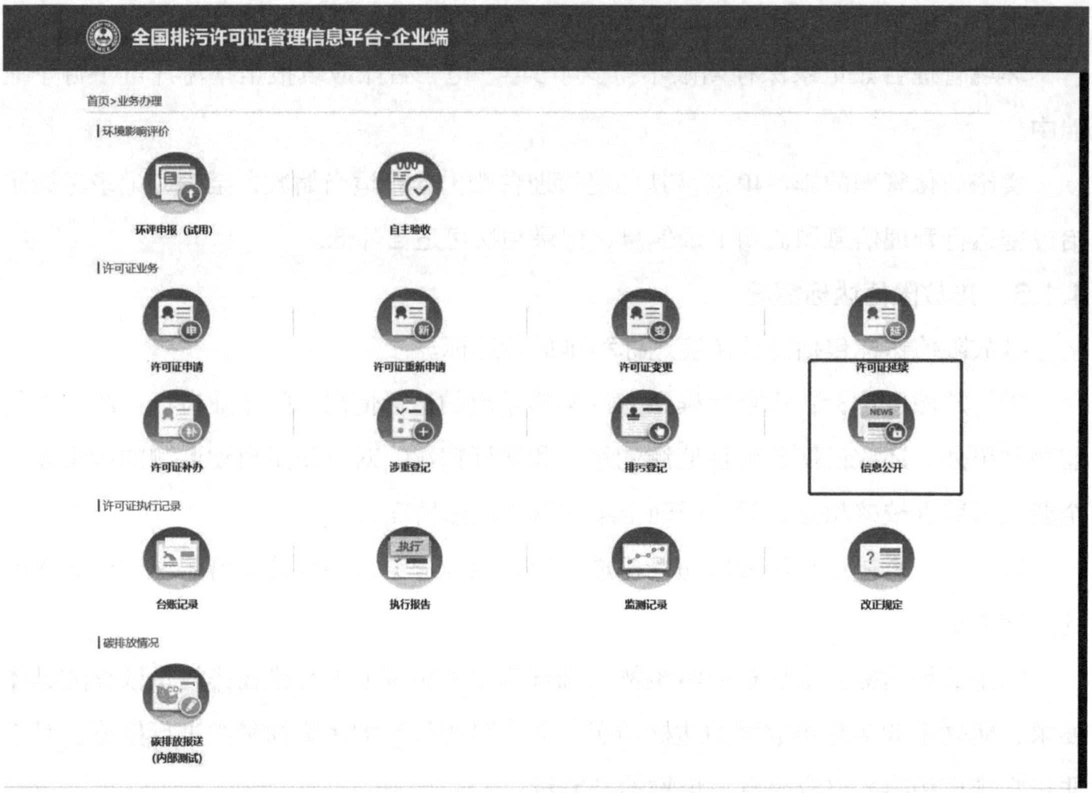

图4-1　信息公开登录

4.1.9　异常及事故情况

如果发生污染事故，排污单位应说明发生事故次数、事故等级、事故发生时采取的措施、污染物排放和处理情况等，按照表4-9的要求记录在册。异常及事故情况还应记录在执行报告中。

表4-9　异常及事故情况污染源监测记录表

序号	生产设施/ 无组织排放编号	监测日期	监测时间	二氧化硫/ (mg/m^3)	颗粒物/ (mg/m^3)	氮氧化物/ (mg/m^3)	……

4.1.10　其他环境管理信息

无组织废气污染防治措施管理维护信息：包括管理维护时间及主要内容等。按日记录，1次/日。

特殊时段环境管理信息：包括具体管理要求及其执行情况。对于停产或错峰生产的，原则上仅对停产或错峰生产的起止日期各记录1次。

其他信息：法律法规、标准规范确定的其他信息，以及企业自主记录的环境管理信息。一些特殊要求已在排污许可证申请时载明，如生活垃圾填埋场应在此处说明地下水监测实施情况。

4.2 执行报告编制及提交

报告按周期分为年度执行报告、季度执行报告和月度执行报告。执行报告的编制包括资料收集与分析、编制、质量控制、提交四个阶段，流程见图4-2。

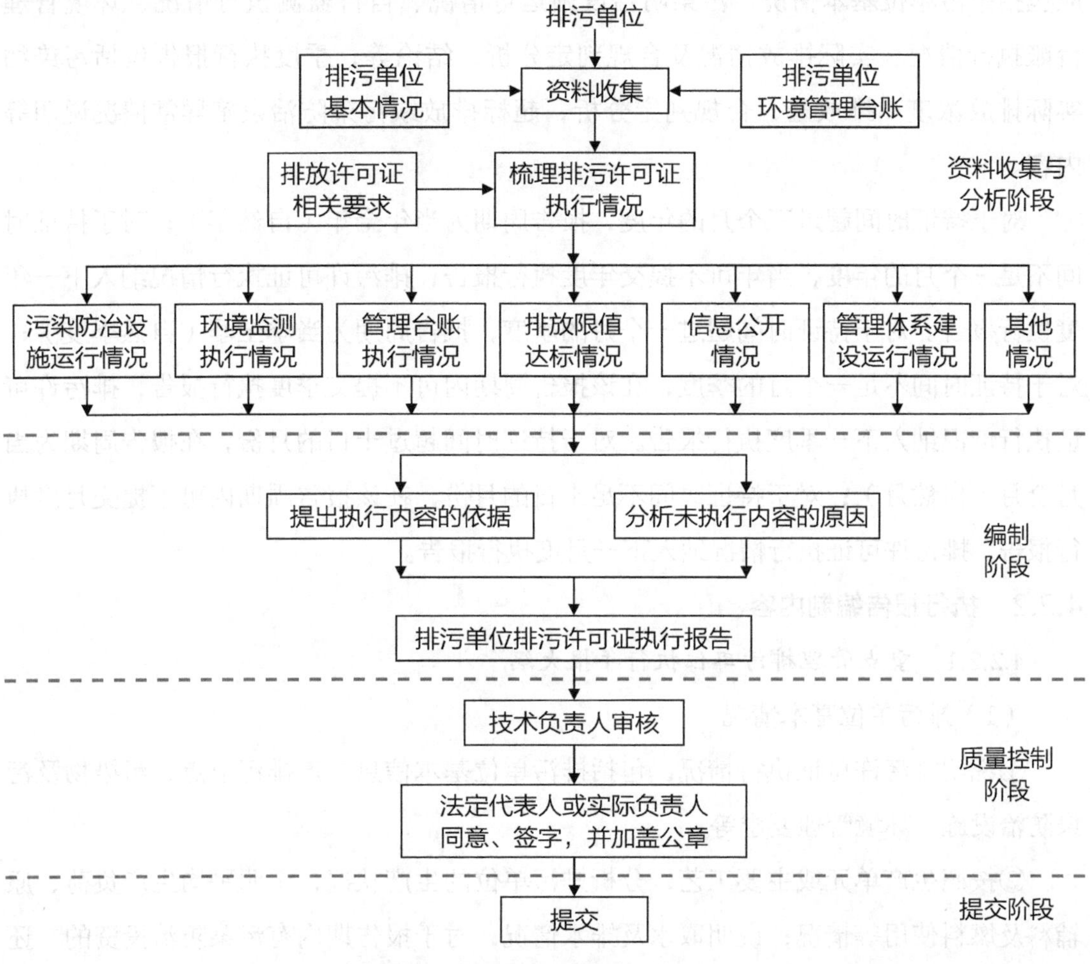

图4-2 执行报告编制流程

4.2.1 执行报告提交要求

重点管理企业应提交年度执行报告、季度执行报告和月度执行报告。年度执行报告包括排污单位基本情况，污染防治设施运行情况，自行监测执行情况，环境管理台账执行情况，实际排放情况及合规判定分析，信息公开情况、排污单位内部环境管理体系建设与运行情况，其他排污许可证规定的内容执行情况，其他需要说明的问题、结论、附图附件等。季度和月度执行报告应包括污染物实际排放浓度和排放量、合规判定分析、超标排放或污染防治设施异常情况说明等内容。其中，季度执行报告还应包括各月度生产小时数、主要产品及其产量、主要原料及其消耗量、新水用量及废水排放量、主要污染物排放量等信息。

简化管理的企业应提交年度执行报告与季度执行报告，其中年度执行报告内容应包括排污单位基本情况、污染防治设施运行情况、自行监测执行情况、环境管理台账执行情况、实际排放情况及合规判定分析、结论等；季度执行报告包括污染物实际排放浓度和排放量，合规判定分析，超标排放或污染防治设施异常情况说明等内容。

对于持证时间超过三个月的年度，报告周期为当年全年（自然年）；对于持证时间不足三个月的年度，当年可不提交年度执行报告，排污许可证执行情况纳入下一年度执行报告。对于持证时间超过一个月的季度，报告周期为当季全季（自然季度）；对于持证时间不足一个月的季度，在该报告周期内可不提交季度执行报告，排污许可证执行情况纳入下一季度执行报告。对于持证时间超过十日的月份，在报告周期为当月全月（自然月）；对于持证时间不足十日的月份，在该报告周期内可不提交月度执行报告，排污许可证执行情况纳入下一月度执行报告。

4.2.2 执行报告编制内容

4.2.2.1 重点管理排污单位执行年报大纲

（1）排污单位基本情况

①说明排污许可证执行情况，包括排污单位基本信息、产排污节点、污染物及污染防治设施、环境管理要求等。

②按照生产单元或主要工艺，分析排污单位的生产状况，说明平均生产负荷、原辅料及燃料使用等情况；说明取水及排水情况；对于报告期内有污染防治投资的，还应说明防治设施建成运行时间、计划总投资、报告周期内累计完成投资等。

③说明排放口规范性整改情况（如有）。

④新（改、扩）建项目环境影响评价及其批复、竣工环境保护验收等情况。

⑤其他需要说明的情况，包括排污许可证变更情况，以及执行过程中遇到的困难、问题等。

（2）污染防治设施运行情况

①正常情况说明。分别说明有组织废气、无组织废气、废水等污染防治设施的处理效率、药剂添加、催化剂更换、固体废物产生、副产物产生、运行费用等情况，以及防治设施运行维护情况。

②异常情况说明。排污单位拆除、停运污染防治设施，应说明实施拆除、停运的原因、起止日期等情况，并提供环境保护主管部门同意文件；因故障等紧急情况停运污染防治设施，或污染防治设施运行异常的，排污单位应说明故障原因、废水废气等污染物排放情况、报告提交情况及采取的应急措施。

③如发生污染事故，排污单位应说明发生事故次数、事故等级、事故发生时采取的措施、污染物排放、处理情况等信息。

（3）自行监测执行情况

①说明自行监测要求执行情况，并附监测布点图。

②对于自动监测，说明是否满足HJ 75、HJ 76、HJ/T 353、HJ/T 354、HJ/T 355、HJ/T 356、HJ/T 373、HJ 477等相关规范要求。说明自动监测系统发生故障时，向环境保护主管部门提交补充监测和事故分析报告的情况。

③对于手工监测，说明是否满足GB/T 16157、HJ/T 55、HJ/T 91、HJ/T 373、HJ/T 397等相关标准与规范要求。

④对于非正常工况，应说明废气有效监测数据数量、监测结果等。

⑤对于特殊时段，应说明废气有效监测数据数量、监测结果等，参见附录F.10。

⑥对于有周边环境质量监测要求的，应说明监测点位、指标、时间、频次、有效监测数据数量、监测结果等内容，并附监测布点图。

⑦对于未开展自行监测、自行监测方案与排污许可证要求不符、监测数据无效等情形，应说明原因及措施。

（4）环境管理台账执行情况

说明是否按排污许可证要求记录环境管理台账的情况。

（5）实际排放情况及合规判定分析

①以自行监测数据为基础，说明各排放口的实际排放浓度范围、有效数据数量等内容。

②按照《排污许可证申请与核发技术规范总则》，核算排污单位实际排放量，给出计算方法、所用的参数依据来源和计算过程，并与许可排放量进行对比分析。

③对于非正常工况，应说明发生的原因、次数、起止时间、防治措施等。

④对于特殊时段，应说明各污染物的排放浓度及达标情况等。

⑤对于废气污染物超标排放，应逐时说明；对于废水污染物超标排放，应逐日说明。说明内容包括排放口、污染物、超标时段、实际排放浓度、超标原因等，以及向环境保护主管部门报告及接受处罚的情况。

⑥说明实际排放量与生产负荷之间的关系。

（6）信息公开情况

说明信息公开的方式、内容、频率及时间节点等信息。

（7）排污单位内部环境管理体系建设与运行情况

①说明环境管理机构及人员设置情况、环境管理制度建立情况、排污单位环境保护规划、环保措施整改计划等。

②说明环境管理体系的实施、相关责任的落实情况。

（8）其他排污许可证规定的内容执行情况

说明排污许可证中规定的其他内容执行情况。

（9）其他需要说明的问题

对于违证排污的情况，提出相应整改计划。

（10）结论

总结排污单位在报告周期内排污许可证执行情况，说明执行过程中存在的问题，以及下一步需进行整改的内容。

（11）附图附件

①附图包括自行监测布点图等。执行报告附图应清晰、要点明确。

②附件包括污染物实际排放量计算过程、非正常工况证明材料，以及支持排污许可证执行报告的其他材料。

4.2.2.2 简化管理排污单位执行年报大纲

（1）排污单位基本情况

①说明排污许可证执行情况，包括排污单位基本信息、产排污节点、污染物及污染防治设施、环境管理要求等。

②说明排放口规范性整改情况（如有）。

（2）污染防治设施运行情况

①正常情况说明。应说明有组织废气、无组织废气、废水等污染防治设施的运行时间、污水处理量、脱硫脱硝剂用量、运行费用等情况。

②异常情况说明。排污单位拆除、停运污染防治设施，应说明实施拆除、停运的原因、起止日期等情况，并提供环境保护主管部门同意文件。因故障等紧急情况停运污染防治设施，或污染防治设施运行异常的，排污单位应说明故障原因、废水废气等污染物排放情况、报告提交情况及采取的应急措施。

③如发生污染事故，排污单位应说明发生事故次数、事故等级、事故发生时采取的措施、污染物排放、处理情况等信息。

（3）自行监测执行情况

①应说明自行监测要求执行情况，并附监测布点图。

②对于自动监测，应说明是否满足相关技术规范要求。自动监测系统发生故障时，应向环境保护主管部门提交补充监测和事故分析报告的情况。

③对于手工监测，应说明是否满足相关标准与规范要求。

④对于非正常工况，应说明废气有效监测数据数量、监测结果等。

⑤对于特殊时段，应说明废气有效监测数据数量、监测结果等。

⑥对于有周边环境质量监测要求的，应说明监测点位、指标、时间、频次、有效监测数据数量、监测结果等内容，并附监测布点图。

⑦对于未开展自行监测、自行监测方案与排污许可证要求不符、监测数据无效等情形，应说明原因及措施。

（4）环境管理台账执行情况

说明是否按排污许可证要求记录环境管理台账的情况。

（5）实际排放情况及合规判定分析

①以自行监测数据为基础，说明各排放口的实际排放浓度范围、有效数据数量等

内容。

②按照《排污许可证申请与核发技术规范总则》，核算排污单位实际排放量，给出计算方法、所用的参数依据来源和计算过程，并与许可排放量进行对比分析。

③对于非正常工况，说明发生的原因、次数、起止时间、防治措施等。

④对于特殊时段，说明各污染物的排放浓度及达标情况等。

⑤对于废气污染物超标排放，应逐时说明；对于废水污染物超标排放，应逐日说明；说明内容包括排放口、污染物、超标时段、实际排放浓度、超标原因等，以及向环境保护主管部门报告及接受处罚的情况。

⑥说明实际排放量与生产负荷之间的关系。

（6）结论

总结排污单位在报告周期内排污许可证执行情况，说明执行过程中存在的问题，以及下一步需进行整改的内容。

4.2.3 网上平台执行报告提交

以年度执行报告提交为例，说明在排污许可证企业端的操作流程，详见表4-10。

表4-10 年报提交流程

步骤	操作	示例
1.登录	登录排污许可平台企业端，点击“执行报告”功能。	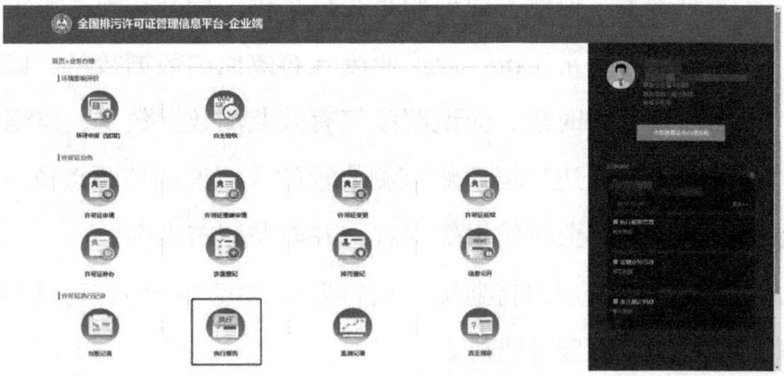

续表

步骤	操作	示例
2.执行年报创建	①点进执行报告模块后，选择“新增”。 ②确定报表类型和年份。 ③点击“编辑”，开始填报年报内容。	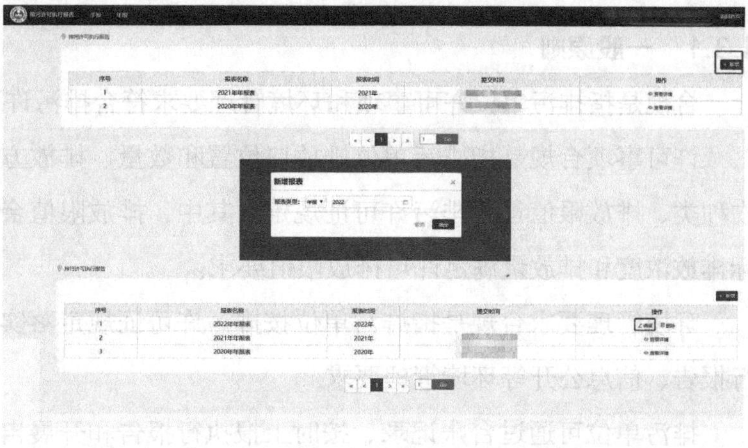
3.内容填报	根据企业实际情况填报排污许可执行情况汇总表、企业基本信息表等部分。并上传监测点位图、污染物实际排放量计算过程等附件。	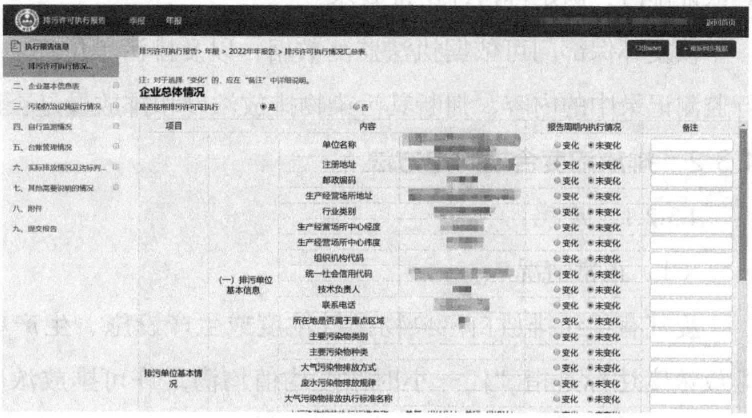
4.报告提交	确认执行报告数据等内容准确无误后，点击提交执行报告。	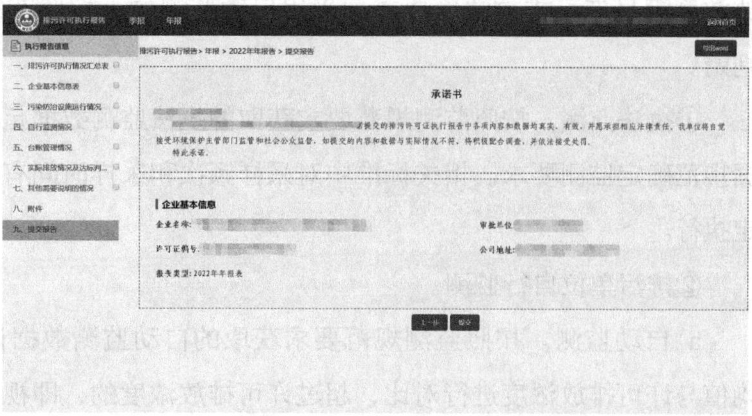

4.3 排污许可证合规判定

4.3.1 一般原则

合规是指排污单位许可事项和环境管理要求符合排污许可证规定。

许可事项合规是指排污单位排放口位置和数量、排放方式、排放去向、排放污染物种类、排放限值符合排污许可证规定。其中，排放限值合规是指排污单位污染物实际排放浓度和排放量满足许可排放限值要求。

环境管理要求合规是指排污单位按排污许可证规定落实自行监测、台账记录、执行报告、信息公开等环境管理要求。

排污单位可通过台账记录、按时上报执行报告和开展自行监测、信息公开，自证其依证排污，满足排污许可证要求。

核发环保部门可依据执法监测数据，以及排污单位环境管理台账、执行报告、自行监测记录中的内容，判断其污染物排放浓度和排放量是否满足许可排放限值要求。

4.3.2 排放浓度合规判定方法

4.3.2.1 废气

（1）正常情况

废气有组织排放口污染物排放浓度或生产设施、生产单元、厂界无组织污染物排放浓度达标是指“任一小时浓度均值均满足许可排放浓度要求”。排放标准中浓度限值非小时均值的污染物，其排放浓度达标是指按相关监测规范要求测定的排放浓度满足许可排放浓度要求。采用自动监测的，按照在线监测数据达标判定方法判定。

①执法监测。按照监测规范要求获取的执法监测数据超标的，即视为不合规。根据规范确定监测要求。相关标准中对采样频次和采样时间有规定的，按相关标准的规定执行。

②排污单位自行监测。

a. 自动监测。按照监测规范要求获取的自动监测数据计算得到的有效小时浓度均值与许可排放浓度进行对比，超过许可排放浓度的，即视为不合规。对于应当采用自动监测的排放口或污染物项目而未采用的以及自动监测设备不符合规定的，即为不合规。

b. 手工监测。对于未采用自动监测的排放口或污染物，应进行手工监测，按照自行监测方案、监测规范要求获取的监测数据计算得到的有效小时浓度均值超标的，即视为不合规。

③其他。若同一时段既有执法监测数据又有排污单位自行监测数据，优先使用执法监测数据。

（2）非正常情况

若多台设施采用混合方式排放废气，且其中一台处于启停时段，排污单位可自行提供废气混合前各台设施污染物有效监测数据的，按照提供数据进行合规判定。

其他非正常情况导致污染物超标排放的，应立即停产整改。

（3）无组织排放合规判定

无组织排放满足污染物排放标准中排放浓度限值要求及污染控制措施要求的，即视为合规，其他情形则为不合规。

4.3.2.2　废水

排污单位废水排放口污染物排放浓度达标是指任一有效日均值（除pH外）满足许可排放浓度要求。排放标准中浓度限值非日均值的污染物，其排放浓度达标是指按相关监测规范要求测定的排放浓度满足许可排放浓度要求。生态环境部发布在线监测数据达标判定方法的，从其规定。

（1）执法监测

按照监测规范要求获取的执法监测数据超标的，即视为不合规。根据HJ/T 91确定监测要求。相关标准中对采样频次和采样时间有规定的，按相关标准规定执行。

（2）排污单位自行监测

①自动监测。按照监测规范要求获取的自动监测数据计算得到有效日均浓度（除pH外）与许可排放浓度进行对比，超过许可排放浓度的，即视为不合规。对于应当采用自动监测的排放口或污染物项目而未采用的以及自动监测设备不符合规定的，即视为不合规。

②手工监测。对于未要求采用自动监测的排放口或污染物，排污单位应按照自行监测方案、监测规范进行手工监测，当日各次监测数据平均值或当日混合样监测数据（除pH外）超标的，即视为不合规。

（3）其他

若同一时段既有执法监测数据又有排污单位自行监测数据，优先使用执法监测数据。

4.3.3 排放量合规判定方法

污染物排放量合规是指：

①排污单位污染物年实际排放量满足年许可排放量要求。

②对于特殊时段有许可排放量要求的排污单位，实际排放量之和不得超过特殊时段许可排放量。

4.3.4 管理要求合规判定

核发环保部门依据排污许可证中的管理要求，审核环境管理台账记录和排污许可证执行报告，核查排污单位是否满足排污许可证管理要求。管理要求合规判定包括：

①排污单位是否按照自行监测方案开展自行监测。

②排污单位是否按照排污许可证中环境管理台账记录要求记录相关内容，记录频次、形式等是否满足排污许可证要求。

③排污单位是否按照排污许可证中执行报告要求定期上报，上报内容是否符合要求等。

④排污单位是否按照排污许可证要求定期开展信息公开。

⑤排污单位是否满足特殊时段污染防治要求。

4.4 重要问题说明

4.4.1 自行监测方案

排污单位应查清所有污染源，确定主要污染源及主要监测指标，制定并执行监测方案。排污单位在申领排污许可证时作为附图附件材料提交监测方案内容，并接受管理部门审核。监测方案内容主要包括单位基本情况、监测点位及示意图、监测指标、执行标准及其限值、监测频次、采样和样品保存方法、监测分析方法和仪器、质量保证与质量控制等。

自行监测对象包括：

（1）污染物排放监测

污染物包括废气污染物（以有组织或无组织形式排入环境）、废水污染物（直接或间接排入环境水体）及噪声污染等。

（2）周边环境质量影响监测

排污单位应按照污染物排放标准、环境影响评价文件及其批复或其他环境管理明确要求的和排污许可证中载明的周边环境质量影响监测计划，对其周边相应的空气、地表水、地下水、土壤等环境质量开展监测。

（3）关键工艺参数监测

在某些情况下，可以通过对与污染物产生和排放密切相关的关键工艺参数进行测试以补充污染物排放监测。例如，垃圾焚烧炉的炉温等对污染产生影响的关键参数。

（4）污染治理设施处理效果监测

污染物排放标准等环境管理文件对污染治理设施有特别要求的，或企业认为有必要的，应对污染治理设施处理效果进行监测。例如，执行的排放标准中有去除效率的要求时。

自行监测实施主要考虑自行监测的执行情况和监测结果的记录情况，同时关注异常数据的处理和信息公开的情况。

企业应按照最新的监测方案开展监测活动，可以根据自身条件和能力，利用自有人员、场所和设备自行监测，也可委托其他有资质的检（监）测机构代其开展自行监测。

随着企业进行扩建、技改，如果执行的排放标准发生变化，排放口位置、监测点位、监测指标、监测频次、监测技术任一项内容发生变化，污染源、生产工艺或处理设施发生变化等，企业应及时对自行监测的方案进行调整，并在执行年报中说明自行监测方案的变化情况。

4.4.2 自动监测情况

排污许可证中的自动监测是指重点管理的排污单位，依法安装、使用、维护污染物排放自动监测设备，并与生态环境管理部门的监控设备联网。自动监测对象主要包括废水排放口和废气排放口，其中废水排放口监测化学需氧量、氨氮两项污染因子，废气排放口监测颗粒物、二氧化硫和氮氧化物三项污染因子。自动监测设备在监测污染因子的同时，还会对对应的参数进行监测，例如，废气同步监测流速、烟气温度、烟气压力、烟气含湿量、烟气量、氧含量等参数，废水同步监测流量、水温等参数。

同时部分行业对于自动监测有其特殊要求，例如，城镇污水处理厂和工业废水集中处理厂需对进水总管的流量、化学需氧量和氨氮进行自动监测。

（1）自动监测的要求

根据现行排污许可申请与核发技术规范的要求，自动监测主要针对主要排放口的各项污染因子，使用在线监控（监测）系统对其监测。在线监控（监测）系统包括了自动监测的仪器设备、数采仪、污染物排放过程（工程）自动监控设备和监控中心。

自动监测系统验收合格后方可使用，验收的主要内容包括：

①排污口、监测孔及手工监测操作平台规范化情况。

②自动监测仪的选型、安装、调试检测情况。

③监测站房建设情况。

④污染物浓度和流量等自动监测数据比对监测情况。

⑤数据联网传输情况。

⑥污染物排放总量计算台账。

⑦运行维护保障情况。

（2）自动监测的运行与维护

排污许可证证后执行除去监测结果记录外，还包括各项运维记录，如自动监测系统运行状况、系统辅助设备运行状况、系统校准、校验工作等，以及仪器说明书及相关标准规范中规定的其他检查项目，如校准、维护保养、维修记录等。

①日常巡检与保养。运维单位应制定巡检规程，并严格按照规程开展日常巡检工作并做好记录。日常巡检记录应包括检查项目、检查日期、被检查项目运行状况等内容，每次巡检应记录并归档。

应根据说明书的要求对自动监测系统的保养内容、保养周期或耗材更换周期等作出明确规定，每次保养情况应记录并归档。每次进行备件或材料更换时，更换的备件或材料的品名、规格数量等应记录并归档。如更换有证标准物质或标准样品，还需要记录新标准物质或标准样品的来源、有效期和浓度等信息。对在日常巡检或维护保养中发现的故障或问题，系统管理维护人员应及时处理并记录。

②定期校验与故障处理。自动监测系统在日常运行过程中，应定期校准和维护。当自动监测系统不能满足技术指标而失控时，应及时采取纠正措施，并应缩短下一次

校准和检验的间隔时间。

当自动监测系统发生故障时，系统管理维护人员应及时处理并记录。需要停用、拆除或者更换的，应当事先报经主管部门批准。监测设备因故障不能正常采集、传输数据时，应及时向主管部门报告，缺失数据按照规范要求进行数据修约。

（3）数据审核

①废气。在固定污染源正常状况下，经验收合格的正常运行时段为数据有效时段。故障期间、维修期间、失控时段及维修保养等时段均为数据无效时间段。

污染源计划停运一定时间限度以内的，不得停运自动监测系统，日常巡检和维护要求应继续执行。计划停运超过一定时间限度的，可停运自动监测系统，但应报当地生态环境部门备案。时间限度具体根据国家或地方相关要求确定。

污染源启动前，应提前启运自动监测系统，并进行校准，在污染源启运后的两周内进行校验，符合技术指标要求的，视为启运期间监测数据有效。

排污单位在每个季度对上个季度的数据进行审核，确认上季度所有分钟、小时数据均按照要求正确标记，有效数据捕集率满足要求。

②废水。对于连续排放情况，自动分析仪等至少每小时获得一个监测值，每天保证有24个测试数据，pH、温度和流量至少每10 min获得一个监测值。对于间歇排放，根据实际排放时间确定应获得的监测值。设备运转率应达到90%，以保证监测数据的数量要求。

（4）数据修约

①废气。自动监测系统因发生故障需停机进行维修时，可以使用参比方法监测的数据替代，频次不低于一天一次，直至自动监测系统正常运行为止。替代的数据包括污染物浓度、烟气参数和污染物排放量。

系统数据失控时段污染物排放量按照规范进行修约，超期未校准的时段也视为数据失控时段，污染物浓度和烟气参数不修约。

自动监测系统有计划的维护保养、校准及其他异常导致的数据无效时段，该时段污染物排放量按表处理，污染物浓度和烟气参数不修约。

②废水。缺失化学需氧量、氨氮监测值以缺失时间段上推至与缺失时间段相同长度的前一时间段监测值的算术平均值替代，缺失pH以缺失时间段上推至缺失时间段相同长度的前一时间段pH中位值替代。如果前一时间段有数据缺失、再依次往前

类推。

缺失瞬时流量值以缺失时间段上推至缺失时间段相同长度的前一时间段瞬时流量值算术均值替代，累计流量值以推算出的算术平均值乘以缺失时间段内的排水时间获得。如果前一时间段有数据缺失，再依次往前类推。缺失时间段的排水量也可以通过企业在缺失时间段的用水量乘以排水系数计算获得。

有效日均值是对应于每日为一个监测周期内获得的某个污染物的多个有效监测数据的平均值。同时在监测污水排放流量的情况下，有效日均值是以流量为权的某个污染物的有效监测数据的加权平均值，在未监测污水排放流量的情况下，有效日均值是某个污染物的有效监测数据的算术平均值。

（5）数据记录

排污单位按照申领排污许可证时参照的排污许可证申请与核发技术规范中的制式表格要求，记录自动监测信息。

排污许可平台与固定污染源平台已全部打通，排污单位仅需从排污许可平台“自行监测”模块进入后自动跳转至固定污染源监测平台，制定相关自行监测内容和要求，并适时上传数据和监测报告等要求即可，无须重复操作。

4.4.3 实际排放量核算

排污单位应核算废气和废水主要排放口的污染物实际排放量。实际排放量为正常情况和非正常情况实际排放量之和。排污单位废气、废水污染物实际排放量的核算方法包括实测法、物料衡算法和产排污系数法等。

实测法为根据监测数据测算污染物实际排放量的方法，分为自动监测和手工监测。对于排污许可证载明的要求采用自动监测的污染物项目，应采用符合监测规范的有效自动监测数据核算污染物实际排放量。对于排污许可证载明的未要求采用自动监测的污染物项目，可采用自动监测数据或手工监测数据核算污染物实际排放量。

物料衡算法根据质量守恒定律，利用物料数量或元素数量在输入端与输出端之间的平衡关系，核算污染物实际排放量。

产排污系数法根据单位产品污染物的产生量和排放量，核算污染物实际排放量。相关产排污系数参考污染源普查产排污系数手册或《未纳入排污许可管理行业适用的排污系数、物料衡算方法（试行）》的相关内容。

4.4.3.1 废气

（1）正常情况

①采用自动监测数据核算。废气自动监测实测法应采用符合监测规范的有效自动监测数据污染物的小时平均排放浓度、小时烟气量、运行时间核算污染物实际排放量，核算方法见式（4-1）与式（4-2）。

$$M_{j\text{主要排放口}}=\sum_{i=1}^{n}(c_i\times q_i\times 10^{-9}) \tag{4-1}$$

$$E_{\text{主要排放口}}=\sum_{j=1}^{m}(M_{j\text{主要排放口}}) \tag{4-2}$$

式中：$M_{j\text{主要排放口}}$——核算时段内第j个主要排放口污染物的实际排放量，t；

c_i——第j个主要排放口污染物在第i小时的实测平均排放浓度（标态），mg/m^3；

q_i——第j个主要排放口在第i小时的排气量（标态），m^3/h；

n——核算时段内的污染物排放时间，h；

$E_{\text{主要排放口}}$——核算时段内主要排放口污染物的实际排放量，t。

算例1：采样自动监测数据核算燃烧烟气污染源氮氧化物排放量

某企业加热炉排气筒已安装符合监测规范要求的在线连续监测系统，导出2022年3月数据如下：

日期	时间	氮氧化物 平均值/（mg/m^3）	废气排气量 累计值/m^3
2022-3-1	00	24.81	3 129
2022-3-1	01	25.83	3 086
2022-3-1	02	27.24	3 247
2022-3-1	03	25.46	3 362
……	……	……	……
……	……	……	……
……	……	……	……
2022-3-31	21	17.36	3 413
2022-3-31	22	19.27	3 478
2022-3-31	23	17.66	3 329
2022-3-31	24	18.32	3 210

假设该加热炉自动监控设施未发生故障且数据未缺失，核算该排气筒中中3月氮氧化物排放量。

解：核算该加热炉3月氮氧化物排放量：

$$M_{氮氧化物}=\sum_{j=1}^{744}(24.81\times3129+25.83\times3086+\cdots+18.32\times3210)\times10^{-9}=0.053\ \mathrm{t}$$

要求采用自动监测的排放口或污染物项目而未采用的以及自动监测设备不符合规定的，采用物料衡算法核算二氧化硫排放量，根据原辅燃料消耗量、含硫率，按直排进行核算，核算方法见式（4-3）。

$$E=\left[\sum_{i}^{n}\left(m_i\times\frac{S_{m_i}}{100}\right)-p_i\times\frac{S_{p_i}}{100}-d_i\times\frac{S_{d_i}}{100}\right]\times2 \tag{4-3}$$

式中：E——核算时段内二氧化硫排放量，t；

m_i——核算时段内第i种原辅料及燃料使用量，t；

S_{m_i}——核算时段内第i种原辅料及燃料含硫率，%；

p_i——核算时段内第i种产品产量，t；

S_{p_i}——核算时段内第i种产品含硫率，%；

d_i——核算时段内第i种废物收集量，t；

S_{d_i}——核算时段内第i种废物含硫率，%。

算例2：采用物料衡算法核算燃烧烟气污染源二氧化硫排放量

某装置加热炉排气筒未按照排污许可证中的监测要求进行监测，在核算时段3月内无有效监测数据。该加热炉采用燃料为天然气，3月燃料气消耗量为4.5×10^6 Nm³，燃料气密度0.72 kg/Nm³，燃料气中硫含量0.003%。假设该加热炉为稳定运行，3月运行时间744 h，核算该加热炉燃烧烟气中3月二氧化硫排放量。

解：核算该加热炉3月二氧化硫排放量：

$$E_{二氧化硫}=\left(4.5\times10^6\times7.2\times10^{-4}\times\frac{0.003}{100}\right)\times2=0.194\ \mathrm{t}$$

要求采用自动监测的排放口或污染物项目而未采用的以及自动监测设备不符合规定的，采用产排污系数法核算颗粒物、氮氧化物、挥发性有机物等污染物实际排放量，根据单位产品污染物的产生量，按直排进行核算，核算方法见式（4-4）。

$$E=M\times \beta \times 10^{-3} \tag{4-4}$$

式中：E——核算时段内污染物的排放量，t；

M——核算时段内某工序或生产设施产品产量，t；

β——产污系数，kg/t。

算例3：采用产污系数法核算燃烧烟气污染源氮氧化物排放量

某加热炉为稳定运行，3月燃料气消耗量为300万标m^3，核算该加热炉燃烧烟气中氮氧化物4月排放量。根据石化工业污染物实际排放量核算方法，燃气工艺加热炉氮氧化物的产污系数α为18.71 kg/1万标m^3燃料气。

解：核算该加热炉4月氮氧化物排放量：

$$E_{氮氧化物}=Q\times \beta \times 10^{-3}=300\times 18.71\times 10^{-3}=5.613\ t$$

对于因自动监控设施发生故障以及其他情况导致数据缺失的按照HJ 75—2017进行补遗。二氧化硫、氮氧化物、颗粒物在线监测数据缺失时段超过25%的，自动监测数据不能作为核算实际排放量的依据，实际排放量按照“要求采用自动监测的排放口或污染物项目而未采用”的相关规定进行核算，其他污染物在线监测数据缺失情形可参照核算，生态环境部另有规定的从其规定。

对于出现在线数据缺失或数据异常等情况的排污单位，若排污单位能提供材料充分证明不是其责任的，可按照排污单位提供的手工监测数据等核算实际排放量，或者按照上一个半年申报期间的稳定运行期间自动监测数据的小时浓度均值和半年平均烟气量，核算数据缺失时段的实际排放量。

②采用手工监测数据核算。废气手工监测实测法应采用每次手工监测时段内污染物的小时平均排放浓度、小时烟气量、运行时间核算污染物实际排放量，核算方法见式（4-5）与式（4-6）。排污单位应将手工监测时段内生产负荷与核算时段内的平均生产负荷进行对比，并给出对比结果。监测时段内有多组监测数据时，应加权平均。

$$M_{j主要排放口}=\sum_{i=1}^{n}(c_i\times q_i\times 10^{-9}\times T) \tag{4-5}$$

$$E_{主要排放口}=\sum_{j=1}^{m}(M_{j主要排放口}) \tag{4-6}$$

式中：$M_{j主要排放口}$——核算时段内第j个主要排放口污染物的实际排放量，t；

c_i——第j个主要排放口污染物在第i小时的实测平均排放浓度（标态），mg/m^3；

q_i——第j个主要排放口在第i个监测时段的排气量（标态），m^3/h；

T——第i个监测时段内主要排放口累计运行时间，h；

$E_{主要排放口}$——核算时段内主要排放口污染物的实际排放量，t。

手工监测数据包括核算时间内的所有执法监测数据和排污单位自行或委托其他有资质的检（监）测机构的有效手工监测数据，若同一时段既有执法监测数据又有手工监测数据，优先使用执法监测数据。排污单位采用手工监测数据进行核算实际排放量时，排污单位自行或委托的手工监测频次、监测期间生产工况、数据有效性等须符合相关规范文件等要求。

算例4：采用手工监测数据核算燃烧烟气污染源氮氧化物排放量

某装置加热炉排气筒每月监测1次，得到二氧化硫的小时平均浓度为10 mg/m^3，氮氧化物的小时平均浓度为45 mg/m^3，颗粒物的小时平均浓度为12 mg/m^3，烟气平均流量为10 000 m^3/h，测得的废气量及浓度均以干基、标态计。3月运行时间744 h，核算该加热炉燃烧烟气中二氧化硫、氮氧化物和颗粒物3月排放量。

解：核算该加热炉3月颗粒物、二氧化硫和氮氧化物排放量：

$$E_{颗粒物}=\mathrm{C}\times Q\times \mathrm{h}\times 10^{-9}=10\,000\times 12\times 744\times 10^{-9}=0.893\ \mathrm{t}$$

$$E_{二氧化硫}=\mathrm{C}\times Q\times \mathrm{h}\times 10^{-9}=10\,000\times 10\times 744\times 10^{-9}=0.744\ \mathrm{t}$$

$$E_{氮氧化物}=\mathrm{C}\times Q\times \mathrm{h}\times 10^{-9}=10\,000\times 45\times 744\times 10^{-9}=3.348\ \mathrm{t}$$

（2）非正常情况

非正常情况下污染物排放量优先采用实测法核定，其次采用物料衡算法和产排污系数法。

4.4.3.2 废水

（1）正常情况

①采用自动监测数据核算。废水自动监测实测法应采用符合监测规范的有效自动监测数据污染物的日平均排放浓度、日废水量、运行时间核算污染物年排放量，核算方法见式（4-7）。

$$E_{废水}=\sum_{i=1}^{n}(c_i\times q_i\times 10^{-6}) \tag{4-7}$$

式中：$E_{废水}$——核算时段内主要排放口污染物的实际排放量，t；

c_i——污染物在第i日的实测平均排放浓度，mg/L；

q_i——第i日的流量，m^3/d；

n——核算时段内的污染物排放时间，d。

对要求采用自动监测的排放口或污染物项目，在自动监测数据由于某种原因出现中断或其他情况时，应按照HJ 356—2019补遗。

要求采用自动监测的排放口或污染物项目而未采用的以及自动监测设备不符合规定的，采用产排污系数法核算化学需氧量、氨氮等污染物实际排放量，按直排进行核算，核算方法见式（4-8）。

$$E=M\times \beta \times 10^{-6} \tag{4-8}$$

式中：E——核算时段内污染物的排放量，t；

M——核算时段内某工序或生产设施产品产量，t；

β——产污系数，g/t。

②采用手工监测数据核算。废水手工监测实测法应采用每次手工监测时段内污染物的日平均排放浓度、日废水量、运行时间核算污染物年排放量，核算方法见式（4-9）。排污单位应将手工监测时段内生产负荷与核算时段内的平均生产负荷进行对比，并给出对比结果。监测时段内有多组监测数据时，应加权平均。

$$E_{废水}=\sum_{i=1}^{n}(c_i\times q_i\times 10^{-6}\times T) \tag{4-9}$$

式中：$E_{废水}$——核算时段内主要排放口污染物的实际排放量，t；

c_i——第i个监测时段的污染物实测日均排放浓度，mg/L；

q_i——第i个监测时段的流量，m^3/d；

T——第i个监测时段内主要排放口累计运行时间，d。

手工监测数据包括核算时间内的所有执法监测数据和排污单位自行或委托其他有资质的检（监）测机构的有效手工监测数据，若同一时段既有执法监测数据又有手工监测数据，优先使用执法监测数据。排污单位采用手工监测数据进行核算实际排放量时，排污单位自行或委托的手工监测频次、监测期间生产工况、数据有效性等须符合相关规范文件等要求。

（2）非正常情况

废水处理设施在非正常情况下的排水，如无法满足排放标准要求时，不应直接排入外环境，待废水处理设施恢复正常运行后方可排放。如造成污染治理设施未正常运行超标排放污染物的或偷排偷放污染物的，采用产排污系数法按直排核算非正常排放期间实际排放量。

5

排污许可监管

5.1 概述

排污许可证是企事业单位在生产运营期接受环境监管和生态环境主管部门实施监管的主要法律文书。依证监管是排污许可制实施的关键，生态环境主管部门应依据排污许可证对纳入排污许可管理体系的排污单位进行监管。生态环境主管部门的重点检查内容是排污许可证上规定的排污许可事项和管理要求的落实情况，通过台账记录核查、现场执法检查、执法监测等手段，核实污染物排放数据的真实性和有效性、排污单位污染防治措施的运行情况等信息，判定污染物达标排放情况。

为了方便读者参阅，本章在方框中给出《大气污染防治法》、《水污染防治法》、《排污许可管理条例》（以下简称《条例》）、《排污许可管理办法（试行）》等政策法规中相关原文。其中，《排污许可管理办法（试行）》中与《条例》规定不一致的事项，按照《条例》执行；《条例》未规定的内容，仍按照《排污许可管理办法（试行）》执行。

5.1.1 监管主体

生态环境主管部门对排污单位排放水污染物、大气污染物等各类污染物的排放行为实行综合许可管理。排污许可监管的主体为国务院生态环境主管部门和设区的市级以上地方人民政府生态环境主管部门。国务院生态环境主管部门负责全国排污许可的统一监督管理，包括对实施排污许可管理的排污单位及其生产设施、污染防治设施和排放口实行统一编码管理等。设区的市级以上地方人民政府生态环境主管部门负责本行政区域排污许可的监督管理。

《排污许可管理条例》

第三条　国务院生态环境主管部门负责全国排污许可的统一监督管理。设区的市级以上地方人民政府生态环境主管部门负责本行政区域排污许可的监督管理。

> **《排污许可管理办法（试行）》**
>
> 第六条　环境保护部负责指导全国排污许可制度实施和监督。各省级环境保护主管部门负责本行政区域排污许可制度的组织实施和监督。
>
> 第八条　依据相关法律规定，环境保护主管部门对排污单位排放水污染物、大气污染物等各类污染物的排放行为实行综合许可管理。
>
> 第九条　环境保护部对实施排污许可管理的排污单位及其生产设施、污染防治设施和排放口实行统一编码管理。

5.1.2 监管对象

排污许可监管的对象为排放污染物的企业事业单位和其他生产经营者（以下简称排污单位）。根据排污单位污染物产生量、排放量、对环境的影响程度等因素，实行排污许可重点管理、简化管理和登记管理。实行排污许可重点管理和简化管理的排污单位应当取得排污许可证，未取得排污许可证的，不得排放污染物；实行登记管理的排污单位不需要取得排污许可证。

> **《排污许可管理条例》**
>
> 第二条　依照法律规定实行排污许可管理的企业事业单位和其他生产经营者（以下称排污单位），应当依照本条例规定申请取得排污许可证；未取得排污许可证的，不得排放污染物。
>
> 根据污染物产生量、排放量、对环境的影响程度等因素，对排污单位实行排污许可分类管理：
>
> （一）污染物产生量、排放量或者对环境的影响程度较大的排污单位，实行排污许可重点管理；
>
> （二）污染物产生量、排放量和对环境的影响程度都较小的排污单位，实行排污许可简化管理。
>
> 实行排污许可管理的排污单位范围、实施步骤和管理类别名录，由国务院生态环境主管部门拟订并报国务院批准后公布实施。制定实行排污许可管理的排污单位范围、实施步骤和管理类别名录，应当征求有关部门、行业协会、企业事业单位和社会公众等方面的意见。

《排污许可管理办法（试行）》

第四条　排污单位应当依法持有排污许可证，并按照排污许可证的规定排放污染物。应当取得排污许可证而未取得的，不得排放污染物。

5.1.3 监管方式

生态环境主管部门通过将排污许可执法检查纳入生态环境执法年度计划，合理地安排检查频次及方式，并规范地进行记录与信息公开等方式展开对排污单位的监管工作。检查频次及方式的确定取决于排污单位的管理类别、信用记录和生态环境管理需要等因素。生态环境主管部门对排污单位实施检查时，重点检查排污许可证的许可事项的实施情况。生态环境主管部门通过执法监测、核查台账记录和自动监测数据以及其他管理手段，核实排污数据和执行报告的真实性，判定是否符合许可排放浓度和许可排放量，检查环境管理要求落实情况。

《排污许可管理条例》

第二十五条　生态环境主管部门应当加强对排污许可的事中事后监管，将排污许可执法检查纳入生态环境执法年度计划，根据排污许可管理类别、排污单位信用记录和生态环境管理需要等因素，合理确定检查频次和检查方式。

生态环境主管部门应当在全国排污许可证管理信息平台上记录执法检查时间、内容、结果以及处罚决定，同时将处罚决定纳入国家有关信用信息系统向社会公布。

《排污许可管理办法（试行）》

第三十九条　环境保护主管部门应当制定执法计划，结合排污单位环境信用记录，确定执法监管重点和检查频次。

环境保护主管部门对排污单位进行监督检查时，应当重点检查排污许可证规定的许可事项的实施情况。通过执法监测、核查台账记录和自动监测数据以及其他监控手段，核实排污数据和执行报告的真实性，判定是否符合许可排放浓度和许可排放量，检查环境管理要求落实情况。

环境保护主管部门应当将现场检查的时间、内容、结果以及处罚决定记入全国排污许可证管理信息平台，依法在全国排污许可证管理信息平台上公布监管执法信息、无排污许可证和违反排污许可证规定排污的排污单位名单。

5.1.4 监管内容

排污许可监管内容主要包括许可事项和环境管理事项的监管。许可事项的监管内容包括污染物排放口位置和数量、污染物排放方式、排放去向、种类、许可排放浓度、许可排放量等。环境管理事项的监管内容包括自行监测、环境管理台账记录、执行报告、信息公开及其他控制及管理要求。

《排污许可管理条例》

第十三条　排污许可证应当记载下列信息：……

（三）产生和排放污染物环节、污染防治设施等；

（四）污染物排放口位置和数量、污染物排放方式和排放去向等；

（五）污染物排放种类、许可排放浓度、许可排放量等；

（六）污染防治设施运行和维护要求、污染物排放口规范化建设要求等；

（七）特殊时段禁止或者限制污染物排放的要求；

（八）自行监测、环境管理台账记录、排污许可证执行报告的内容和频次等要求；

（九）排污单位环境信息公开要求；

（十）存在大气污染物无组织排放情形时的无组织排放控制要求；

（十一）法律法规规定排污单位应当遵守的其他控制污染物排放的要求。

5.2 许可事项监管

污染物排放许可事项监管内容主要包括有组织和无组织排放源排放污染物的种类、许可排放浓度、许可排放量，排放口位置和数量、污染物排放方式和排放去向等。本节主要从大气污染物和水污染物排放两层面，将其相关的排放口、许可排放浓度、许可排放量等方面的监管重点进行解析。

《排污许可管理条例》

第十三条　排污许可证应当记载下列信息：……

（四）污染物排放口位置和数量、污染物排放方式和排放去向等；

（五）污染物排放种类、许可排放浓度、许可排放量等。

第十七条 排污许可证是对排污单位进行生态环境监管的主要依据。

排污单位应当遵守排污许可证规定，按照生态环境管理要求运行和维护污染防治设施，建立环境管理制度，严格控制污染物排放。

第十八条 排污单位应当按照生态环境主管部门的规定建设规范化污染物排放口，并设置标志牌。

污染物排放口位置和数量、污染物排放方式和排放去向应当与排污许可证规定相符。

5.2.1 大气污染物排放

5.2.1.1 排放口

生态环境主管部门对废气排放口的检查范围包括排污许可证上登记的所有有组织废气排放口。生态环境主管部门在对废气排放口进行检查时，一方面需检查排放口的位置、数量、排放方式、排放去向与排污许可证的内容是否一致，另一方面还需检查排放口的建设是否符合建设规范、是否规范设置标志牌。

若生态环境主管部门在检查时发现排污单位实际排放口的位置、数量、排放方式及排放去向与排污许可证内容不符，或未按照规定设置大气污染物排放口的，生态环境主管部门有权责令其改正，并处2万元以上20万元以下的罚款；拒不改正的，责令停产整治。

《中华人民共和国大气污染防治法》

第二十条 企业事业单位和其他生产经营者向大气排放污染物的，应当依照法律法规和国务院生态环境主管部门的规定设置大气污染物排放口。

第一百条 违反本法规定，有下列行为之一的，由县级以上人民政府生态环境主管部门责令改正，处二万元以上二十万元以下的罚款；拒不改正的，责令停产整治：……

（五）未按照规定设置大气污染物排放口的。

《排污许可管理条例》

第十八条 排污单位应当按照生态环境主管部门的规定建设规范化污染物排

> 放口，并设置标志牌。
>
> 污染物排放口位置和数量、污染物排放方式和排放去向应当与排污许可证规定相符。
>
> 实施新建、改建、扩建项目和技术改造的排污单位，应当在建设污染防治设施的同时，建设规范化污染物排放口。
>
> 第三十六条　违反本条例规定，排污单位有下列行为之一的，由生态环境主管部门责令改正，处2万元以上20万元以下的罚款；拒不改正的，责令停产整治：
>
> （一）污染物排放口位置或者数量不符合排污许可证规定；
>
> （二）污染物排放方式或者排放去向不符合排污许可证规定。
>
> **《环境保护图形标志》排放口（源）**
>
> 标志牌必须保持清晰、完整。当发现形象损坏、颜色污染或有变化、退色等不符合本标准的情况，应及时修复或更换。检查时间至少每年一次。

5.2.1.2　排放浓度

生态环境主管部门对大气污染物排放浓度的检查内容包括污染因子和实际排放浓度。大气污染物排放浓度是否超标的判定标准以排污许可证许可的大气污染物因子及排放浓度限值要求为准。生态环境主管部门可依据全国排污许可证管理信息平台上的数据、排污单位自行监测的数据以及生态环境主管部门现场监测获得的执法数据作为判定污染物排放浓度是否超标的证据。若数据不一致，则以生态环境主管部门及其所属监测机构收集的监测数据为准。

若生态环境主管部门在检查时发现排污单位存在超许可排放浓度排放大气污染物的，生态环境主管部门有权责令其改正或者限制生产、停产整治，处20万元以上100万元以下的罚款；情节严重的，吊销排污许可证，报经有批准权的人民政府批准，责令停业、关闭。

《排污许可管理条例》

第二十七条　生态环境主管部门可以通过全国排污许可证管理信息平台监控排污单位的污染物排放情况，发现排污单位的污染物排放浓度超过许可排放浓度的，应当要求排污单位提供排污许可证、环境管理台账记录、排污许可证执行报告、自行监测数据等相关材料进行核查，必要时可以组织开展现场监测。

第二十九条　生态环境主管部门依法通过现场监测、排污单位污染物排放自动监测设备、全国排污许可证管理信息平台获得的排污单位污染物排放数据，可以作为判定污染物排放浓度是否超过许可排放浓度的证据。

排污单位自行监测数据与生态环境主管部门及其所属监测机构在行政执法过程中收集的监测数据不一致的，以生态环境主管部门及其所属监测机构收集的监测数据作为行政执法依据。

第三十四条　违反本条例规定，排污单位有下列行为之一的，由生态环境主管部门责令改正或者限制生产、停产整治，处20万元以上100万元以下的罚款；情节严重的，吊销排污许可证，报经有批准权的人民政府批准，责令停业、关闭：

（一）超过许可排放浓度、许可排放量排放污染物。

5.2.1.3　排放量

生态环境主管部门对大气污染物许可排放量的检查范围通常包括颗粒物、二氧化硫、氮氧化物、挥发性有机物（石化、化工、包装印刷、工业涂装等重点行业）、重金属（有色冶炼等重点行业）等。生态环境主管部门根据行政执法过程中收集的监测数据，以及排污单位的排污许可证、环境管理台账记录、排污许可证执行报告、自行监测数据等相关材料，对排污单位在规定周期内的污染物排放量是否符合排污许可证规定进行核查。

若生态环境主管部门在检查时发现排污单位存在超过许可排放量排放大气污染物行为的，生态环境主管部门有权责令其改正或者限制生产、停产整治，处20万元以上100万元以下的罚款；情节严重的，吊销排污许可证，报经有批准权的人民政府批准，责令停业、关闭。

> **《排污许可管理条例》**
>
> 第二十八条 生态环境主管部门根据行政执法过程中收集的监测数据，以及排污单位的排污许可证、环境管理台账记录、排污许可证执行报告、自行监测数据等相关材料，对排污单位在规定周期内的污染物排放量，以及排污单位污染防治设施运行和维护是否符合排污许可证规定进行核查。
>
> 第三十四条 违反本条例规定，排污单位有下列行为之一的，由生态环境主管部门责令改正或者限制生产、停产整治，处20万元以上100万元以下的罚款；情节严重的，吊销排污许可证，报经有批准权的人民政府批准，责令停业、关闭：
>
> （一）超过许可排放浓度、许可排放量排放污染物。

5.2.2 水污染物排放

5.2.2.1 排放口

生态环境主管部门对废水排放口的检查范围为排污许可证上登记的所有废水排放口。生态环境主管部门在对废水排放口进行检查时，一方面需检查排放口的位置、数量、排放方式、排放去向与排污许可证的内容是否一致，其中水污染物排入市政排水管网的，还应当核查污水接入市政排水管网位置、排放方式等信息与排污许可证内容是否一致；另一方面还需检查排放口的建设是否符合建设规范、是否规范设置标志牌。

若生态环境主管部门在检查时发现排污单位实际排放口的位置、数量、排放方式及排放去向与排污许可证内容不符，生态环境主管部门有权责令其改正，并处2万元以上20万元以下的罚款；拒不改正的，责令停产整治；排污单位未按照规定设置排放口的，生态环境主管部门有权责令其限期改正，可以处1万元以下的罚款。

> **《中华人民共和国水污染防治法》**
>
> 第二十二条 向水体排放污染物的企业事业单位和其他生产经营者，应当按照法律、行政法规和国务院环境保护主管部门的规定设置排污口；在江河、湖泊设置排污口的，还应当遵守国务院水行政主管部门的规定。

《排污许可管理条例》

第十八条　排污单位应当按照生态环境主管部门的规定建设规范化污染物排放口，并设置标志牌。

污染物排放口位置和数量、污染物排放方式和排放去向应当与排污许可证规定相符。

实施新建、改建、扩建项目和技术改造的排污单位，应当在建设污染防治设施的同时，建设规范化污染物排放口。

第二十三条　排污单位应当按照排污许可证规定，如实在全国排污许可证管理信息平台上公开污染物排放信息。

污染物排放信息应当包括污染物排放种类、排放浓度和排放量，以及污染防治设施的建设运行情况、排污许可证执行报告、自行监测数据等；其中，水污染物排入市政排水管网的，还应当包括污水接入市政排水管网位置、排放方式等信息。

第三十六条　违反本条例规定，排污单位有下列行为之一的，由生态环境主管部门责令改正，处2万元以上20万元以下的罚款；拒不改正的，责令停产整治：

（一）污染物排放口位置或者数量不符合排污许可证规定；

（二）污染物排放方式或者排放去向不符合排污许可证规定。

《环境保护图形标志》排放口（源）

标志牌必须保持清晰、完整。当发现形象损坏、颜色污染或有变化、退色等不符合本标准的情况，应及时修复或更换。检查时间至少每年一次。

5.2.2.2　排放浓度

生态环境主管部门对水污染物排放浓度的检查内容包括污染因子和实际排放浓度。水污染物排放浓度是否超标的判定标准以排污许可证许可的水污染物因子及排放浓度限值要求为准。生态环境主管部门可依据全国排污许可证管理信息平台上的数据、排污单位自行监测的数据以及生态环境主管部门现场监测获得的执法数据作为判定污染物排放浓度是否超标的证据。若数据不一致，则以生态环境主管部门及其所属监测机构收集的监测数据为准。

若生态环境主管部门在检查时发现排污单位存在超许可排放浓度排放水污染物的，生态环境主管部门有权责令其改正或者限制生产、停产整治，处20万元以上100

万元以下的罚款；情节严重的，吊销排污许可证，报经有批准权的人民政府批准，责令停业、关闭。

《排污许可管理条例》

第二十七条 生态环境主管部门可以通过全国排污许可证管理信息平台监控排污单位的污染物排放情况，发现排污单位的污染物排放浓度超过许可排放浓度的，应当要求排污单位提供排污许可证、环境管理台账记录、排污许可证执行报告、自行监测数据等相关材料进行核查，必要时可以组织开展现场监测。

第二十九条 生态环境主管部门依法通过现场监测、排污单位污染物排放自动监测设备、全国排污许可证管理信息平台获得的排污单位污染物排放数据，可以作为判定污染物排放浓度是否超过许可排放浓度的证据。

排污单位自行监测数据与生态环境主管部门及其所属监测机构在行政执法过程中收集的监测数据不一致的，以生态环境主管部门及其所属监测机构收集的监测数据作为行政执法依据。

第三十四条 违反本条例规定，排污单位有下列行为之一的，由生态环境主管部门责令改正或者限制生产、停产整治，处20万元以上100万元以下的罚款；情节严重的，吊销排污许可证，报经有批准权的人民政府批准，责令停业、关闭：

（一）超过许可排放浓度、许可排放量排放污染物。

5.2.2.3 排放量

生态环境主管部门对水污染物许可排放量的检查内容通常包括化学需氧量、氨氮、总氮、总磷等。生态环境主管部门根据行政执法过程中收集的监测数据，以及排污单位的排污许可证、环境管理台账记录、排污许可证执行报告、自行监测数据等相关材料，对排污单位在规定周期内的污染物排放量，以及排污单位污染防治设施运行和维护是否符合排污许可证规定进行核查。

若生态环境主管部门在检查时发现排污单位存在超过许可排放量排放水污染物行为的，生态环境主管部门责令其改正或者限制生产、停产整治，处20万元以上100万元以下的罚款；情节严重的，吊销排污许可证，报经有批准权的人民政府批准，责令停业、关闭。

《排污许可管理条例》

第二十八条　生态环境主管部门根据行政执法过程中收集的监测数据，以及排污单位的排污许可证、环境管理台账记录、排污许可证执行报告、自行监测数据等相关材料，对排污单位在规定周期内的污染物排放量，以及排污单位污染防治设施运行和维护是否符合排污许可证规定进行核查。

第三十四条　违反本条例规定，排污单位有下列行为之一的，由生态环境主管部门责令改正或者限制生产、停产整治，处20万元以上100万元以下的罚款；情节严重的，吊销排污许可证，报经有批准权的人民政府批准，责令停业、关闭：

（一）超过许可排放浓度、许可排放量排放污染物；

5.3　管理事项监管

5.3.1　自行监测

生态环境主管部门对自行监测的检查内容主要包括排污单位是否按照排污许可证规定安装自动监测设备并与生态环境主管部门的监控联网；监测点位、监测指标、监测频次等监测内容符合排污许可证要求；监测记录的真实性与准确性，以及5年内原始监测记录的保存情况。检查工作的依据包括排污单位在排污许可证信息管理平台上公开的监测数据、执行报告，以及现场核查的结果。

若生态环境主管部门在检查时发现排污单位有篡改、伪造监测数据行为的，生态环境主管部门有权责令其改正或者限制生产、停产整治，处20万元以上100万元以下的罚款；情节严重的，吊销排污许可证，报经有批准权的人民政府批准，责令停业、关闭；尚不构成犯罪的，对其直接负责的主管人员和其他直接责任人员，依照《环境保护法》的规定处以拘留。若生态环境主管部门在检查时发现排污单位有下列行为之一的：①损毁或者擅自移动、改变污染物排放自动监测设备，②未按照排污许可证规定安装、使用污染物排放自动监测设备并与生态环境主管部门的监控设备联网，③未保证污染物排放自动监测设备正常运行，④未按照排污许可证规定制定自行监测方案并开展自行监测，⑤未按照排污许可证规定保存原始监测记录，⑥发现污染物排放自动监测设备传输数据异常或者污染物排放超过污染物排放标准等异常情况不报告的，生态环境主管部门有权责令其改正，处2万元以上20万元以下的罚款；拒不改正的，责令停产整治。

《排污许可管理条例》

第十一条　对具备下列条件的排污单位，颁发排污许可证：……

（四）自行监测方案的监测点位、指标、频次等符合国家自行监测规范。

第十九条　排污单位应当按照排污许可证规定和有关标准规范，依法开展自行监测，并保存原始监测记录。原始监测记录保存期限不得少于5年。

排污单位应当对自行监测数据的真实性、准确性负责，不得篡改、伪造。

第二十条　实行排污许可重点管理的排污单位，应当依法安装、使用、维护污染物排放自动监测设备，并与生态环境主管部门的监控设备联网。

排污单位发现污染物排放自动监测设备传输数据异常的，应当及时报告生态环境主管部门，并进行检查、修复。

第三十四条　违反本条例规定，排污单位有下列行为之一的，由生态环境主管部门责令改正或者限制生产、停产整治，处20万元以上100万元以下的罚款；情节严重的，吊销排污许可证，报经有批准权的人民政府批准，责令停业、关闭：……

（二）通过暗管、渗井、渗坑、灌注或者篡改、伪造监测数据，或者不正常运行污染防治设施等逃避监管的方式违法排放污染物。

第三十六条　违反本条例规定，排污单位有下列行为之一的，由生态环境主管部门责令改正，处2万元以上20万元以下的罚款；拒不改正的，责令停产整治：……

（三）损毁或者擅自移动、改变污染物排放自动监测设备；

（四）未按照排污许可证规定安装、使用污染物排放自动监测设备并与生态环境主管部门的监控设备联网，或者未保证污染物排放自动监测设备正常运行；

（五）未按照排污许可证规定制定自行监测方案并开展自行监测；

（六）未按照排污许可证规定保存原始监测记录；

（八）发现污染物排放自动监测设备传输数据异常或者污染物排放超过污染物排放标准等异常情况不报告。

第四十四条　排污单位有下列行为之一，尚不构成犯罪的，除依照本条例规定予以处罚外，对其直接负责的主管人员和其他直接责任人员，依照《中华人民共和国环境保护法》的规定处以拘留：

（一）未取得排污许可证排放污染物，被责令停止排污，拒不执行；

通过暗管、渗井、渗坑、灌注或者篡改、伪造监测数据，或者不正常运行污染防治设施等逃避监管的方式违法排放污染物。

5.3.2 执行报告

生态环境主管部门对执行报告的检查内容包括排污单位是否按照排污许可证的频次及时间要求提交年度执行报告和季度/月度执行报告；提交的执行报告的内容是否完整。当排污单位信息有变化或违证排污时，生态环境主管部门需对执行报告中相应的分析与说明内容进行核查。

若生态环境主管部门在检查时发现排污单位未按照排污许可证规定提交排污许可证执行报告，生态环境主管部门责令其改正，处每次5千元以上2万元以下的罚款；法律另有规定的，从其规定。

《排污许可管理条例》

第二十二条　排污单位应当按照排污许可证规定的内容、频次和时间要求，向审批部门提交排污许可证执行报告，如实报告污染物排放行为、排放浓度、排放量等。

排污许可证有效期内发生停产的，排污单位应当在排污许可证执行报告中如实报告污染物排放变化情况并说明原因。

排污许可证执行报告中报告的污染物排放量可以作为年度生态环境统计、重点污染物排放总量考核、污染源排放清单编制的依据。

第三十七条　违反本条例规定，排污单位有下列行为之一的，由生态环境主管部门责令改正，处每次5千元以上2万元以下的罚款；法律另有规定的，从其规定：……

（三）未按照排污许可证规定提交排污许可证执行报告；

5.3.3 管理台账

生态环境主管部门对管理台账的检查内容包括排污单位的环境管理台账的格式、记录频次是否符合排污许可证的要求；环境管理台账记载内容的完整性、真实性，环境管理台账内容主要包括基本信息、生产设施运行管理信息、污染防治设施运行管理信息、监测记录信息及其他环境管理信息，以及超标排放等异常情况的情形等。

若生态环境主管部门在检查时发现排污单位未建立环境管理台账记录制度，或未如实记录污染物排放行为或者污染物排放浓度、排放量，生态环境主管部门责令其改正，处每次5千元以上2万元以下的罚款；法律另有规定的，应从其规定。

《排污许可管理条例》

第二十一条　排污单位应当建立环境管理台账记录制度，按照排污许可证规定的格式、内容和频次，如实记录主要生产设施、污染防治设施运行情况以及污染物排放浓度、排放量。环境管理台账记录保存期限不得少于5年。

排污单位发现污染物排放超过污染物排放标准等异常情况时，应当立即采取措施消除、减轻危害后果，如实进行环境管理台账记录，并报告生态环境主管部门，说明原因。超过污染物排放标准等异常情况下的污染物排放计入排污单位的污染物排放量。

第三十七条　违反本条例规定，排污单位有下列行为之一的，由生态环境主管部门责令改正，处每次5千元以上2万元以下的罚款；法律另有规定的，从其规定：

（一）未建立环境管理台账记录制度，或者未按照排污许可证规定记录；

5.3.4　运行管理

生态环境主管部门对运行管理的检查内容包括核查排污单位的污染防治设施的运行和维护是否符合排污许可证的规定，以及排污单位是否按照排污许可证中的要求将排污单位的信息公开。核查依据包括环境管理台账记录、排污许可证执行报告、自行监测数据和执法监测数据等。全国排污许可证管理信息平台上公开的信息包括排污单位的大气污染物排放信息、水污染物排放信息、自行监测要求、执行（守法）报告要求、信息公开要求、环境管理台账记录要求及其他许可内容等。

若生态环境主管部门在检查时发现排污单位有通过不正常运行污染防治设施等逃避监管的方式违法排放污染物行为的，生态环境主管部门有权责令其改正或者限制生产、停产整治，处20万元以上100万元以下的罚款；情节严重的，吊销排污许可证，报经有批准权的人民政府批准，责令停业、关闭。若生态环境主管部门在检查时发现排污单位未按照排污许可证规定公开或者不如实公开污染物排放信息的，生态环境主管部门有权责令其改正，处2万元以上20万元以下的罚款；拒不改正的，责令停产整治。

《排污许可管理条例》

第二十三条　排污单位应当按照排污许可证规定，如实在全国排污许可证管理信息平台上公开污染物排放信息。

污染物排放信息应当包括污染物排放种类、排放浓度和排放量，以及污染防治设施的建设运行情况、排污许可证执行报告、自行监测数据等；其中，水污染物排入市政排水管网的，还应当包括污水接入市政排水管网位置、排放方式等信息。

第二十八条　生态环境主管部门根据行政执法过程中收集的监测数据，以及排污单位的排污许可证、环境管理台账记录、排污许可证执行报告、自行监测数据等相关材料，对排污单位在规定周期内的污染物排放量，以及排污单位污染防治设施运行和维护是否符合排污许可证规定进行核查。

第三十四条　违反本条例规定，排污单位有下列行为之一的，由生态环境主管部门责令改正或者限制生产、停产整治，处20万元以上100万元以下的罚款；情节严重的，吊销排污许可证，报经有批准权的人民政府批准，责令停业、关闭：

（二）通过暗管、渗井、渗坑、灌注或者篡改、伪造监测数据，或者不正常运行污染防治设施等逃避监管的方式违法排放污染物。

第三十六条　违反本条例规定，排污单位有下列行为之一的，由生态环境主管部门责令改正，处2万元以上20万元以下的罚款；拒不改正的，责令停产整治：

（七）未按照排污许可证规定公开或者不如实公开污染物排放信息；

《排污单位自行监测技术指南　总则》

排污单位自行监测信息公开内容及方式按照《企业事业单位环境信息公开办法》（环境保护部令第 31 号）及《国家重点监控企业自行监测及信息公开办法（试行）》（环发〔2013〕81 号）执行。非重点排污单位的信息公开要求由地方环境保护主管部门确定。

5.4 典型违法违规行为

2021年1月底，国务院正式发布《排污许可管理条例》，进一步巩固和强化了排污许可证法律地位。《条例》规定，排污许可证是对排污单位进行生态环境监管的主要依据，明确了“按证排污、按证监管”的管理模式。

为进一步推动排污单位持证排污、按证排污、自证守法。本书将近期与排污许可相关的违法案件进行收集整理，以“案例解读”方式将案例真实处罚情况总结归纳，同时根据新颁布的《条例》的内容将相关违法行为的处罚变化情况进行梳理并在“《条例》解读”中进行讲解，给生态环境主管部门提供学习参考的途径，供排污单位查阅，引以为戒。本节各个案例中，“案例解读”为实际案例处罚时所采用依据，“《条例》解读”为《条例》颁布实施后对该类违法违规行为的可能处罚情况。

5.4.1 无证排污

无证排污是指排污单位在未持有有效排污许可证的情形下排放污染物的行为。生态环境主管部门在核查排污单位是否有无证排污行为时，主要核查4个方面：一是是否取得排污许可证；二是排污许可证有效期是否届满未申请延续或者延续申请但还未经批准；三是排污许可证是否被撤销、注销或吊销；四是排污单位是否依法重新申请取得排污许可证。

> **《排污许可管理条例》**
>
> 第三十三条　违反本条例规定，排污单位有下列行为之一的，由生态环境主管部门责令改正或者限制生产、停产整治，处20万元以上100万元以下的罚款；情节严重的，报经有批准权的人民政府批准，责令停业、关闭：
>
> （一）未取得排污许可证排放污染物；
>
> （二）排污许可证有效期届满未申请延续或者延续申请未经批准排放污染物；
>
> （三）被依法撤销、注销、吊销排污许可证后排放污染物；
>
> （四）依法应当重新申请取得排污许可证，未重新申请取得排污许可证排放污染物。

5.4.1.1 未取得排污许可证排放污染物

案例：2021年5月5日，滁州市天长市生态环境分局执法人员现场检查发现，某金属制品制造公司在未依法取得排污许可证的情况下，年产8万吨镀锌磷化特种弹簧钢丝等生产制造项目正常生产，违法排放颗粒物等大气污染物，以及悬浮物等水污染物。

案例解读：该排污单位违反了《排污许可管理条例》第二条第一款的规定。滁州市天长市生态环境分局依据《排污许可管理条例》第三十三条第一项的规定及《安徽省生态环境行政处罚裁量基准规定》裁量，责令该排污单位立即改正违法行为，并处罚款24万元。

5.4.1.2 排污许可证有效期届满未申请延续或者延续申请未经批准排放污染物

案例：2021年2月，河北省唐山市生态环境局对某钢铁公司现场检查发现，该公司未依法延续办理取得排污许可证，违法排放大气污染物，依法下达责令改正违法行为决定书，责令改正违法行为，并拟处罚60万元。2021年3月，生态环境部门复查发现，该公司仍处于无证排污状态，属受到罚款处罚，被责令改正，拒不改正的情形，唐山市生态环境局对该公司实施第一轮按日连续处罚，计罚周期共计10天，拟处罚600万元。

案例解读：该排污单位排污许可证有效期届满延续申请未经批准排放污染物，该行为违反了《环境保护法》第四十五条、《大气污染防治法》第十九条、《排污许可管理办法（试行）》第四条规定，根据《大气污染防治法》第九十九条第一项、《排污许可管理办法（试行）》第五十七条第二项规定，排污单位存在排污许可证有效期限届满后未申请延续排污许可证，或者延续申请未经核发环保部门许可仍排放污染物行为的，生态环境主管部门责令改正或者责令限制生产、停产整治，并处10万元以上100万元以下的罚款；情节严重的，报经有批准权的人民政府批准，责令停业、关闭。

该排污单位未依法取得排污许可证排放大气污染物，受到罚款处罚，被责令改正，拒不改正，根据《大气污染防治法》第一百二十三条第一项规定，依法作出处罚决定的行政机关可以自责令改正之日的次日起，按照原处罚数额按日连续处罚。

相较于根据《排污许可管理办法（试行）》中关于排污许可证有效期为3年的规定，《条例》将排污许可证有效期调整为为5年。《条例》中还明确了排污许可证延续与重新申请等方面的时限。排污许可证有效期届满，排污单位需要继续排放污染物的，应当于排污许可证有效期届满60日前向审批部门提出申请。审批部门应当自受理申请之日起20日内完成审查；对符合条件的予以延续，对不符合条件的不予延续并书面说明理由。排污单位变更名称、住所、法定代表人或者主要负责人的，应当自变更之日起30日内，向审批部门申请办理排污许可证变更手续。

5.4.1.3 被依法撤销、注销、吊销排污许可证后排放污染物

案例：2019年1月，江门市生态环境局在某工厂现场检查时发现该造纸厂私设排放口，大量排放生产废水，因而将该厂的排污许可证吊销。2019年2月，江门市生态环境局再次检查时，发现该厂在排污许可证吊销的情况下仍在生产，并且排放废气和水污染物。2019年4月，江门市生态环境局对该排污单位的违法行为责令整改，并处以100万元罚款。

案例解读：该排污单位被依法吊销排污许可证后排放污染物，该行为违反了《环境保护法》第四十五条、《水污染防治法》第二十一条、《大气污染防治法》第十九条、《排污许可管理办法（试行）》第四条规定，根据《大气污染防治法》第九十九条第一项、《水污染防治法》第八十三条第一项、《排污许可管理办法（试行）》第五十七条第二项的规定，江门市生态环境局对该违法行为作出100万元罚款的处罚。

根据《条例》第四十条规定，排污单位以欺骗、贿赂等不正当手段申请取得排污许可证的，审批部门有权依法撤销其排污许可证，处20万元以上50万元以下的罚款，3年内不得再次申请排污许可证。根据《条例》第三十四条、第四十一条规定，排污单位存在严重超过许可排放浓度、许可排放量排放污染物的行为，由生态环境主管部门吊销其排污许可证，且在报经有批准权的人民政府批准后，责令该单位停业、关闭；排污单位存在通过暗管、渗井、渗坑、灌注或者篡改、伪造监测数据，或者不正常运行污染防治设施等逃避监管的方式违法排放污染物，情节严重的，由生态环境主管部门吊销其排污许可证，且在报经有批准权的人民政府批准后，责令该单位停业、关闭；排污单位有伪造、变造、转让排污许可证的，由生态环境主管部门没收相关证件或者吊销排污许可证，并处以10万元以上30万元以下的罚款，3年内不得再次申请排污许可证。

5.4.1.4 依法应当重新申请取得排污许可证，未重新申请取得排污许可证排放污染物

案例：2021年3月，在现场检查某工厂时，潍坊市生态环境局发现该企业未依法重新申请排污许可证排放污染物。该排污单位持有的排污许可证有效期至2021年6月，因生产需求，新建了一条生产线，由于该生产线的污染物产生量、排放量对环境的影响较小，该排污单位便没有重新申请排污许可证。经潍坊市生态环境局的进一步核查，对该违法行为责令整改，并处15万元罚款。

案例解读：该排污单位依法应当重新申请取得排污许可证，但未重新申请取得排污许可证排放污染物，该行为违反了《条例》第十五条第一项规定，根据《条例》第三十三条第四项规定，潍坊市生态环境局对该违法行为责令整改，并处15万元罚款。

根据《条例》第十五条规定，若排污单位有新建、改建、扩建排放污染物的项目，或生产经营场所、污染物排放口位置、污染物排放方式、排放去向发生变化，或污染物排放口数量、污染物排放种类、排放量、排放浓度增加等几种情形的，排污单位应当重新申请排污许可证。

《条例》解读：以上案例属于无证排污的几种常见情形。根据《条例》第三十三条规定，排污单位未取得排污许可证排放污染物，或排污许可证有效期届满未申请延续或者延续申请未经批准排放污染物，或被依法撤销、注销、吊销排污许可证后排放污染物，或依法应当重新申请取得排污许可证，未重新申请取得排污许可证排放污染物的，应处以20万元以上100万元以下的罚款；情节严重的，报经有批准权的人民政府批准，责令停业、关闭。相较于《大气污染防治法》《水污染防治法》《固体废物污染环境防治法》《排污许可管理办法（试行）》的处罚规定，《条例》明确了无证排污的具体情形，并将处罚门槛由10万元提高到20万元，处罚上限未提高。

5.4.2 违证排污

违证排污指排污单位未按照排污许可证规定的要求排放污染物。常见违证排污违法行为包括超许可排放浓度排放污染物、超许可排放量排放污染物、逃避监管违法排放污染物等行为。

5.4.2.1 超许可排放浓度排污

许可排放浓度指大气和水污染物的排放浓度限值，其中大气污染物许可排放浓度

包括有组织和无组织许可排放浓度，排污单位排放污染物的浓度限值均应在排污许可证中有相关要求并严格落实。若排污单位超许可排放浓度排放污染物，生态环境主管部门责令改正或限制生产、停产整治，处20万元以上100万元以下的罚款；情节严重的，吊销排污许可证，报经有批准权的人民政府批准，责令停业、关闭。

《排污许可管理条例》

第二十七条　生态环境主管部门可以通过全国排污许可证管理信息平台监控排污单位的污染物排放情况，发现排污单位的污染物排放浓度超过许可排放浓度的，应当要求排污单位提供排污许可证、环境管理台账记录、排污许可证执行报告、自行监测数据等相关材料进行核查，必要时可以组织开展现场监测。

第三十四条　违反本条例规定，排污单位有下列行为之一的，由生态环境主管部门责令改正或者限制生产、停产整治，处20万元以上100万元以下的罚款；情节严重的，吊销排污许可证，报经有批准权的人民政府批准，责令停业、关闭：

（一）超过许可排放浓度、许可排放量排放污染物。

第三十八条　排污单位违反本条例规定排放污染物，受到罚款处罚，被责令改正的，生态环境主管部门应当组织复查，发现其继续实施该违法行为或者拒绝、阻挠复查的，依照《中华人民共和国环境保护法》的规定按日连续处罚。

（1）超过有组织许可排放浓度排放大气污染物

案例：某陶瓷制品制造公司于2020年4月28日取得排污许可证，排污许可证中大气污染物排放执行《陶瓷工业污染物排放标准》（GB25464—2010），脱硫塔排放口颗粒物许可排放浓度限值为30 mg/m^3。经广西壮族自治区南宁生态环境监测中心对该公司的脱硫塔出口进行采样监测，监测结果显示该公司颗粒物数值为202 mg/m^3，超过规定排放限值的5.7倍。

案例解读：依据《排污许可管理条例》第三十四条第一项及《广西壮族自治区环境行政处罚自由裁量规则》（桂环规范〔2020〕17号）的有关规定，责令该排污单位立即改正违法行为，严禁超过许可排放浓度排放大气污染物，并对该排污单位超过许可排放浓度排放大气污染物的环境违法行为处罚款278 839元。

（2）超过无组织许可排放浓度排放大气污染物

案例：2020年7月，亳州市生态环境部门会同环境监测人员，对某鞋服有限公司挥发性有机物废气无组织排放情况开展执法检查。最终经化验室检测分析，该公司非甲烷总烃小时平均浓度分别为18.0 mg/m^3、33.4 mg/m^3和13.2 mg/m^3，分别超过《挥发性有机物无组织排放控制标准》（GB 37822—2019）表A.1特别排放限值（6 mg/m^3）2倍、4.56倍和1.2倍。8月，亳州市生态环境部门对该公司进行立案查处，对车间内排放挥发性有机物废气的设施设备实施现场查封，责令该公司限期改正违法行为。

案例解读：该排污单位超过无组织许可排放浓度排放大气污染物，违反了《大气污染防治法》第十八条规定，根据《大气污染防治法》第九十九条第二项的规定，亳州市生态环境主管部门对该排污单位作出查封车间内排放挥发性有机物废气的设施设备，限期改正违法行为的处罚。

（3）超过许可排放浓度排放水污染物

案例：2021年9月11日，宝山区生态环境局执法大队对某食品加工企业开展执法检查，发现其废水处理设施运行管理存在疑点，对总排口废水采样并送检分析。宝山区环境监测站于2021年9月15日出具的监测报告显示：该企业废水总排口总氮日均值为91.3 mg/L，超过了排污许可证中规定的排放限值。

案例解读：该排污单位未按照排污许可证载明的要求排放污染物的行为违反了《排污许可管理条例》第十七条第二款的规定，宝山区生态环境局依据《排污许可管理条例》第三十四条第一项的规定责令改正，处罚款人民币20万元。

《条例》解读：以上案例属于超许可排放浓度排污的几种常见情形。根据《条例》第三十四条第一项规定，对存在超过许可排放浓度排放大气/水污染物违法行为的排污单位，生态环境主管部门责令改正或者限制生产、停产整治，处20万元以上100万元以下的罚款；情节严重的，吊销排污许可证，报经有批准权的人民政府批准，责令停业、关闭。相较于《大气污染防治法》第九十九条第二项、《水污染防治法》第八十三条第二项、《排污许可管理办法（试行）》第四十八条第一项规定，《条例》将“排污单位超许可排放浓度排放水污染物”这一违法行为的处罚门槛由10万元提高到20万元，并且加严了污染物排放浓度限值要求，由污染物排放标准中规定的浓度限值变为排污许可证上的许可排放浓度，凸显了环境管理精细化。

5.4.2.2 超许可排放总量排污

许可排放量指排污单位排放大气和水污染物的年许可排放量限值。若排污单位超许可排放量排放污染物，生态环境主管部门责令改正或限制生产、停产整治，处20万元以上100万元以下的罚款；情节严重的，吊销排污许可证，报经有批准权的人民政府批准，责令停业、关闭。

> **《排污许可管理条例》**
>
> 第三十四条　违反本条例规定，排污单位有下列行为之一的，由生态环境主管部门责令改正或者限制生产、停产整治，处20万元以上100万元以下的罚款；情节严重的，吊销排污许可证，报经有批准权的人民政府批准，责令停业、关闭：
>
> （一）超过许可排放浓度、许可排放量排放污染物。
>
> 第三十八条　排污单位违反本条例规定排放污染物，受到罚款处罚，被责令改正的，生态环境主管部门应当组织复查，发现其继续实施该违法行为或者拒绝、阻挠复查的，依照《中华人民共和国环境保护法》的规定按日连续处罚。

（1）超过大气排放总许可排放量排放污染物

案例：昆明市生态环境局在核查某水泥制造公司2019年主要排放口污染物排放总量时，发现该公司的氮氧化物年排放量为658.74 t，超过持有《云南省排放污染物许可证》许可氮氧化物最高排放量600 t/a的标准。昆明市生态环境局对该单位处50万元罚款。

案例解读：该排污单位超过年许可排放总量排放大气污染物，违反了《大气污染防治法》第十八条规定，根据《大气污染防治法》第九十九条第二项规定，昆明市生态环境局对该排污单位处以50万元罚款。

（2）超过水排放总许可排放量排放污染物

案例：2018年7月，江阴市生态环境局在调查某铝业公司时发现，该公司2017年度接入江阴市山泉污水处理厂处理的废水排放总量共计160 589 t，严重超出废水核定排放总量（49 164 t/a），给周边水环境安全带来重大隐患。针对该铝业公司2017年度超总量排污的违法行为，江阴市生态环境局进行立案查处、责令其立即停止违法行为，并依法作出罚款30万元的行政处罚决定。

案例解读：该排污单位废水年排放总量超过许可排放量，违反了《水污染防治法》第十条规定，根据《水污染防治法》第八十三条第二项规定，江阴市生态环境局对该单位作出责令立即停止违法行为，并处以30万元罚款的处罚。

《条例》解读：以上案例属于超许可排放总量排污的几种常见情形。根据《条例》第三十四条第一项规定，排污单位超过许可排放总量排放大气/水污染物的，生态环境主管部门责令改正或者限制生产、停产整治，处20万元以上100万元以下的罚款；情节严重的，吊销排污许可证，报经有批准权的人民政府批准，责令停业、关闭。相较于《大气污染防治法》第九十九条第二项、《水污染防治法》第八十三条第二项、《排污许可管理办法（试行）》第五十八条第一项规定，《排污许可管理条例》将“排污单位超许可排放总量排放大气/水污染物”这一违法行为的处罚门槛由10万元提高到20万元。

5.4.2.3 逃避监管违法排污

常见的排污单位逃避监管的违法行为包括通过暗管、渗井、渗坑、灌注或者篡改、伪造监测数据，或者不正常运行污染防治设施。若排污单位有逃避监管违法排污行为的，生态环境主管部门有权责令改正或限制生产、停产整治，处20万元以上100万元以下的罚款；情节严重的，吊销排污许可证，报经有批准权的人民政府批准，责令停业、关闭。

《排污许可管理条例》

第三十四条　违反本条例规定，排污单位有下列行为之一的，由生态环境主管部门责令改正或者限制生产、停产整治，处20万元以上100万元以下的罚款；情节严重的，吊销排污许可证，报经有批准权的人民政府批准，责令停业、关闭：……

（二）通过暗管、渗井、渗坑、灌注或者篡改、伪造监测数据，或者不正常运行污染防治设施等逃避监管的方式违法排放污染物。

第三十八条　排污单位违反本条例规定排放污染物，受到罚款处罚，被责令改正的，生态环境主管部门应当组织复查，发现其继续实施该违法行为或者拒绝、阻挠复查的，依照《中华人民共和国环境保护法》的规定按日连续处罚。

（1）通过暗管、渗井、渗坑、灌注方式逃避监管

案例：2019年1月，衢州市生态环境局对某经济开发区雨水排放口进行检查时发现，该雨水排放口有白色废水排放，经排查发现，该股白色废水是某饰品有限公司将未处理的抛光清洗废水通过软管直接排入雨水管道形成。经调查，该公司污水处理设施操作工陈某因污水处理设施内水位较高，担心废水满溢，私自设置软管，将未经污水处理设施处理的抛光清洗废水直接通过雨水管道排入外环境。衢州市生态环境局依法对该公司生产用电配电箱及电源开关进行查封、责令停产整治，并处以罚款10万元。

案例解读：该排污单位私设软管、利用雨水管道排放生产废水，属于通过暗管、渗井、渗坑、灌注方式逃避监管的方式违法排放污染物，违反了《环境保护法》第四十二条第四款、《水污染防治法》第三十九条规定，根据《水污染防治法》第八十三条第三项规定，衢州市生态环境局对该排污单位责令停产整治，并处以罚款10万元。

（2）通过篡改、伪造监测数据方式逃避监管

案例1：2020年9月，徐州市生态环境局对某制药公司开展水污染防治专项执法检查时发现，该制药公司污水处理委托给专业第三方公司，存在通过篡改、伪造检测数据等逃避监管的方式排放水污染物的行为。徐州市生态环境局对该公司责令立即改正，处罚款32万元。

案例解读：该排污单位通过篡改、伪造检测数据等逃避监管的方式排放水污染物，违反了《环境保护法》第四十二条第四款、《水污染防治法》第三十九条规定，根据《水污染防治法》第八十三条第三项规定，徐州市生态环境局对该排污单位责令立即改正，处罚款32万元。

案例2：2020年4月，阜阳市生态环境局对某建材公司进行现场检查，发现该公司烟气自动监测设备烟尘仪接受镜片上贴有黑色绝缘胶布。执法人员调阅该公司自动监控历史数据发现，工控机界面显示4月26日12时36分前，颗粒物浓度自动监测数据（实测值）始终保持在2.0 mg/m^3以下，12时37分为7.56 mg/m^3，12时38分后始终保持在13 mg/m^3以上。经调查，确定该公司为逃避监管干扰自动监测设备而故意粘贴黑色绝缘胶布，并于检查当日12时36分将其揭除，导致自动监测数据失真。

案例解读：该排污单位上述行为违反了《环境保护法》第四十二条第四款和

《水污染防治法》第三十九条的规定，阜阳市生态环境部门根据《水污染防治法》第八十三条第三项的规定，对该公司处罚款30万元；根据《环境保护法》第六十三条第三项和《行政主管部门移送适用行政拘留环境违法案件暂行办法》第五条的规定，将该案件移送公安机关，对该排污单位污水处理负责人行政拘留6日。

（3）通过不正常运行污染防治设施方式逃避监管

案例：2017年2月，南充市生态环境局对某养殖公司的养殖场进行现场检查，发现两个养殖场排污管网堵塞，一个养殖场存在污水收集管网破裂未及时修复的问题，污水直接排入外环境，另一个养殖场存在以其他方式（溢流口）规避环保监管的问题，化粪池无法有效收集产生的养殖废水，均存在污染治理设施运行不正常的问题，无专门的养殖生产环境管理台账。南充市生态环境局对该养殖公司作出处26万元罚款的处罚。

案例解读：该排污单位通过不正常运行污染防治设施方式逃避监管排放污染物，违反了《环境保护法》第四十二条第四款、《水污染防治法》第三十九条规定，根据《水污染防治法》第八十三条第三项规定，南充市生态环境局对该排污单位作出处26万元罚款的处罚 。

《条例》解读：以上案例属于逃避监管违法排污的几种常见情形。根据《条例》第三十四条第二项规定，排污单位通过暗管、渗井、深坑、灌注或者篡改、伪造监测数据，或者不正常运行污染防治设施逃避监管的方式违法排放污染物的，生态环境主管部门责令改正或限制生产、停产整治，处20万元以上100万元以下的罚款；情节严重的，吊销排污许可证，报经有批准权的人民政府批准，责令停业、关闭。相较于《水污染防治法》第八十三条第二项、《大气污染防治法》第九十九条第三项、《排污许可管理办法（试行）》第五十八条第二项、第三项规定，《条例》将逃避监管违法排污的处罚门槛由10万元提高到了20万元。

5.4.3 污染防治措施违法

污染防治措施违法指排污单位未按照排污许可证规定控制污染物无组织排放或特殊时段未按照排污许可证规定停止或者限制排放污染物。特殊时段指根据地方人民政府依法制定的环境质量限期达标规划或其他相关环境管理文件，对排污单位的污染物排放有特殊要求的时段，包括重污染天气应对期间和冬防期间等。若排污单位有污染防治措施违法行为的，生态环境主管部门有权责令改正，处5万元以上20万元以下的罚款；情节严重的，处20万元以上100万元以下的罚款，责令限制生产、停产整治。

《排污许可管理条例》

第十七条　排污许可证是对排污单位进行生态环境监管的主要依据。

排污单位应当遵守排污许可证规定，按照生态环境管理要求运行和维护污染防治设施，建立环境管理制度，严格控制污染物排放。

第三十五条　违反本条例规定，排污单位有下列行为之一的，由生态环境主管部门责令改正，处5万元以上20万元以下的罚款；情节严重的，处20万元以上100万元以下的罚款，责令限制生产、停产整治：

（一）未按照排污许可证规定控制大气污染物无组织排放；

（二）特殊时段未按照排污许可证规定停止或者限制排放污染物。

第三十八条　排污单位违反本条例规定排放污染物，受到罚款处罚，被责令改正的，生态环境主管部门应当组织复查，发现其继续实施该违法行为或者拒绝、阻挠复查的，依照《中华人民共和国环境保护法》的规定按日连续处罚。

（1）未按排污许可证规定控制大气污染物无组织排放

案例：2021年3月，哈密市生态环境局对某玻璃制造公司进行了调查，发现该公司将原辅料石英砂、石灰石、白云石、煤炭等物料露天堆放，未采取有效覆盖措施防治扬尘污染。哈密市生态环境局责令该公司在7日内改正，并处以8万元罚款。

案例解读：该排污单位未对易扬尘的物料采取有效措施防治扬尘污染，属于未按排污许可证规定控制大气污染物无组织排放，违反了《大气污染防治法》第四十八条规定，根据《排污许可管理条例》第三十五条第一项规定，哈密市生态环境局对该违法行为责令整改，并处8万元罚款。

（2）特殊时段未按照排污许可证规定停止或者限制排放污染物

案例1：2019年1月，陕西省重污染天气应急指挥部办公室发布关中地区红色预警的紧急通知。陕西省生态环境厅立即成立检查组奔赴一线，重点对相关市（区）重污染天气应急预案落实情况、涉气排污企业达标排放情况等情况进行了执法检查。检查发现，西安某门业公司在接到“重污染天气红色预警响应”通知后，仍正常生产，未落实减排措施。此外，该企业重污染天气预警减排措施与西安市2018年10月公布重污染天气减排措施不一致。陕西省生态环境厅对该违法行为立案查处，处以10万元罚款。

案例解读：该排污单位在重污染天气未响应应急通知，拒绝执行重污染天气应急措施，违反了《大气污染防治法》第九十六条规定，根据《大气污染防治法》第一百二十一条规定，陕西省生态环境厅对该违法行为立案查处，处以10万元罚款。

案例2：2021年3月，河北省唐山市生态环境局对某钢铁公司进行现场检查，发现该公司白灰窑、竖炉、烧结机等多项生产设备处于生产状态，未落实重污染天气橙色预警减排措施，在特殊时段未按照排污许可证规定停止排放污染物。唐山市生态环境局对该公司的违法行为处以100万元罚款。

案例解读：该排污单位在重污染天气橙色预警期间未按照排污许可证规定停止排放污染物，违反了《条例》第十七条第二款的规定，根据《条例》第三十五条第二项的规定，唐山市生态环境局对该排污单位的违法行为作出100万元罚款的处罚决定。

《条例》解读：以上案例属于污染物防治措施违法的几种常见情形。根据《条例》第三十五条规定，排污单位未按照排污许可证规定控制污染物无组织排放或特殊时段未按照排污许可证规定停止或者限制排放污染物，生态环境主管部门责令改正，处5万元以上20万元以下的罚款；情节严重的，处20万元以上100万元以下的罚款，责令限制生产、停产整治。此项规定是《条例》中最新规定的，在《大气污染防治法》《水污染防治法》等法律法规中均未提出过，体现了《条例》在健全完善排污许可管理体系方面的重要作用。

5.4.4 控制污染管理措施违法

排污单位应落实的控制污染管理措施主要包括以下几种：污染物排放口位置或者数量应符合排污许可证规定；污染物排放方式或者排放去向应符合排污许可证规定；不得损毁或者擅自移动、改变污染物排放自动监测设备；按照排污许可证规定安装、使用污染物排放自动监测设备并与生态环境主管部门的监控设备联网，保证污染物排放自动监测设备正常运行；按照排污许可证规定制定自行监测方案并开展自行监测；按照排污许可证规定保存原始监测记录；按照排污许可证规定公开污染物排放信息；发现污染物排放自动监测设备传输数据异常或者污染物排放超过污染物排放标准等异常情况应及时报告。若排污单位有违反以上控制污染管理措施行为的，生态环境主管部门有权责令改正，处2万元以上20万元以下的罚款；拒不改正的，责令停产整治。

5.4.4.1 排放口

排污单位应按照生态环境主管部门的规定规范建设排放口，排放口数量、位置应符合排污许可证规定。若排污单位排放口位置、数量不符合排污许可证规定，生态环境主管部门有权责令改正，处2万元以上20万元以下的罚款；拒不改正的，责令停产整改。

《排污许可管理条例》

第十八条 排污单位应当按照生态环境主管部门的规定建设规范化污染物排放口，并设置标志牌。

污染物排放口位置和数量、污染物排放方式和排放去向应当与排污许可证规定相符。

实施新建、改建、扩建项目和技术改造的排污单位，应当在建设污染防治设施的同时，建设规范化污染物排放口。

第三十六条 违反本条例规定，排污单位有下列行为之一的，由生态环境主管部门责令改正，处2万元以上20万元以下的罚款；拒不改正的，责令停产整治：

（一）污染物排放口位置或者数量不符合排污许可证规定；

案例1：2021年3月16日，唐山市生态环境局对某建材公司进行了现场调查，发现该单位的污染物排放口位置和数量不符合排污许可证规定，唐山市生态环境局对其处以20万元罚款。

案例解读：该排污单位未按照排污许可证规定设置污染物排放口位置和数量，属于不按照规定设置污染物排放口，违反了《条例》第七条第四款规定，根据《条例》第三十六条第一款规定，唐山市生态环境局对该违法行为处以20万元罚款。

案例2：2018年8月，惠州市生态环境局对某五金电镀公司进行现场执法检查对照该公司规范化排污口标志登记证，发现该公司擅自增加9个废气排放口，不按照规定设置大气污染物排放口。惠州市生态环境局对其处以5万元罚款。

案例解读：该排污单位擅自增加9个废气排放口，属于不按照规定设置大气污染物排放口，根据《大气污染防治法》第一百条第五项规定，惠州市生态环境局对该公司处5万元罚款。

案例3：2017年7月，佛山市环保局对某金属公司现场检查发现该公司通过非核定的排污口排放污染物：厂内部分地面水、雨水及污水未经收集处理，经厂内围墙边的排水口排入厂内围墙边的水渠，并排入外环境。经查明，该公司配有一套隔油沉淀池有效容积为37 m^3的废水处理设施，并设有核定的污水排放口；厂内围墙设有非核定的排污口，厂内围墙与地面有缝隙并能排放污水。佛山市环保局对该公司处以5.5万元罚款。

案例解读：该排污单位通过非核定的排污口排放污染物，根据《水污染防治法》第八十四条规定，属于违反法律、行政法规和国务院环境保护主管部门的规定设置排污口，由县级以上地方人民政府环境保护主管部门责令限期拆除，处2万元以上10万元以下的罚款。佛山市环保局对该排污单位处以5.5万元罚款。

《条例》解读：以上案例属于排放口管理措施违法的几种常见情形。根据《条例》第三十六条第一项规定，排污单位污染物排放口位置或数量不符合排污许可证规定，生态环境主管部门责令改正，处2万元以上20万元以下的罚款；拒不改正的，责令停产整改。相较于《大气污染防治法》《水污染防治法》中的相关规定，《条例》未调整处罚力度，但进一步明确了关于排放口设置违法的具体情形，即包括位置和数量的要求，体现了《条例》在健全完善排污许可管理体系方面的重要作用。

5.4.4.2 排放方式

废气排放形式包括有组织排放和无组织排放，有组织排放指大气污染物经过排气筒排放，无组织排放指大气污染物不经过排气筒的无规则排放。废水排放方式包括直接排放和间接排放，直接排放指排污单位直接向环境排放水污染物的行为，间接排放指排污单位向公共污水处理系统排放水污染物的行为。排污单位应严格按照排污许可证的规定落实各排放源污染物的排放方式，若排污单位污染物排放方式不符合排污许可证规定，生态环境主管部门有权责令改正，处2万元以上20万元以下的罚款；拒不改正的，责令停产整改。

《排污许可管理条例》

第三十六条　违反本条例规定，排污单位有下列行为之一的，由生态环境主管部门责令改正，处2万元以上20万元以下的罚款；拒不改正的，责令停产整治：

（二）污染物排放方式或者排放去向不符合排污许可证规定。

案例1：2021年5月8日，福州市福清生态环境局收到江阴港城经济区管委会反映，在园区顺宝河段有一排放口正在排放黑色水体，执法人员立即进行现场调查，发现该排放口为某化工企业雨水排放口。通过调阅监控，发现排放的黑色水体为该公司初期雨水，排放时长约8分钟。按照该公司排污许可证要求，初期雨水应回用于生产，但当日下雨期间该公司初期雨水池进水阀门未及时关闭，导致初期雨水混合底泥倒灌至雨水管道外排。

案例解读：该排污单位污染物排放方式、排放去向不符合排污许可证要求，违反了《排污许可管理条例》第十八条的规定。依据《排污许可管理条例》第三十六条，福州市福清生态环境局于2021年5月24日下达行政处罚决定书，对该排污单位处以罚款10万元。

案例2：2019年3月，鄂州市生态环境局对某矿业公司进行了调查，发现该公司擅自利用回水泵南侧挡墙底部应急排口向雨水总排水沟排放废水。鄂州市生态环境局对该排污单位处以60万元罚款。

案例解读：该排污单位利用应急排口向雨水总排水沟排放废水，属于未按照排污许可证规定方式排放水污染物，违反了《排污许可管理办法（试行）》第四条第一款规定，根据《排污许可管理办法（试行）》第五十八条第四项规定，鄂州市生态环境局对该公司处以60万元的罚款。

《条例》解读：以上案例属于排放方式管理措施违法的常见情形。根据《条例》第三十六条规定，以上排污单位的行为属于污染物排放方式不符合排污许可证规定，生态环境主管部门责令改正，并根据情节的严重性，对其处以2万元至20万元的罚款；拒不改正的，责令停产整治。《水污染防治法》《大气污染防治法》《排污许可管理办法（试行）》等法律法规中未对污染物排放方式违法行为作出具体规定，《条例》则作出了明确规定，进一步健全完善了排污许可管理体系。

5.4.4.3 排放去向

本书涉及的排放去向相关内容均指废水排放去向，即废水出厂界后的排放去向，不外排包括全部在工序内部循环使用、全厂废水经处理后全部回用不向外环境排放（畜禽养殖行业废水用于农田灌溉也属于不外排）；间接排放去向包括去工业园区集中污水处理厂、市政污水处理厂、其他企业污水处理厂等；直接排放去向包括进入海域、进入江河、湖、库等水环境。若排污单位污染物排放去向不符合排污许可证规定，生态环境主管部门有权责令改正，处2万元以上20万元以下的罚款；拒不改正的，责令停产整改。

> **《排污许可管理条例》**
>
> 第三十六条　违反本条例规定，排污单位有下列行为之一的，由生态环境主管部门责令改正，处2万元以上20万元以下的罚款；拒不改正的，责令停产整治：……
>
> （二）污染物排放方式或者排放去向不符合排污许可证规定。

案例1：2021年6月，淮南市田家庵区生态环境分局执法人员现场检查发现，某建材公司地面冲洗水及初期雨水经厂区西南侧坑塘排入厂外沟渠。经取样检测，化学需氧量浓度为111 mg/L，pH值为11.99。执法人员查阅该公司排污许可证，排污许可证载明企业生活废水进入园区污水处理厂，无生产废水外排。

案例解读：该排污单位违反了《排污许可管理条例》第十八条第二款的规定。2021年8月24日，淮南市生态环境局依据《排污许可管理条例》第三十六条第二项的规定及《安徽省生态环境行政处罚裁量基准规定》裁量，责令该排污单位立即改正违法行为，并处罚款5.24万元。

案例2：2017年6月，哈尔滨市环保局对某制药公司进行调查发现，该公司擅自停运污水处理设施，生产废水未经处理直接排放，并且将部分生产废水利用外雇吸污车抽走后随意排放。哈尔滨市环保局责令限期改正，立即恢复污水处理设施的使用，并且立即停止超标排放水中污染物。

案例解读：该排污单位将生产废水随意排放，违反了《水污染防治法》第二十一条第二款规定，依据《行政处罚法》第二十三条规定责令其改正，立即恢复污水处理设施的使用，并且立即停止超标排放中污染物的行为。

《条例》解读：以上案例属于排放去向管理措施违法的常见情形。根据《条例》第三十六条第二项规定，排污单位污染物排放去向不符合排污许可证规定，生态环境主管部门责令改正，处2万元以上20万元以下的罚款；拒不改正的，责令停产整改。《水污染防治法》《大气污染防治法》《排污许可管理办法（试行）》等法律法规中未对污染物排放方式违法行为作出具体规定，《条例》则作出了明确规定，排污许可管理体系进一步健全完善。

5.4.4.4 自动监测设备

实行排污许可重点管理的排污单位应依法安装、使用、维护污染物排放自动监测设备，并与生态环境部门的监控设备联网。排污单位发现自动监测设备数据异常时，应及时向生态环境主管部门报告，并进行检查和修复。排污单位不能损毁或者擅自移动、改变污染物排放自动监测设备；需按照排污许可证规定安装、使用污染物排放自动监测设备并与生态坏境主管部门的监控设备联网，维护自动监测设备正常运行；当发现自动监测设备传输数据异常或者污染物排放超过污染物排放标准等异常情况时应及时报告生态环境主管部门。若排污单位有违反以上自动检测设备相关管理要求的行为，生态环境主管部门有权责令改正，处2万元以上20万元以下的罚款；拒不改正的，责令停产整改。

《排污许可管理条例》

第二十条　实行排污许可重点管理的排污单位，应当依法安装、使用、维护污染物排放自动监测设备，并与生态环境主管部门的监控设备联网。

排污单位发现污染物排放自动监测设备传输数据异常的，应当及时报告生态环境主管部门，并进行检查、修复。

第三十六条　违反本条例规定，排污单位有下列行为之一的，由生态环境主管部门责令改正，处2万元以上20万元以下的罚款；拒不改正的，责令停产整治：……

（三）损毁或者擅自移动、改变污染物排放自动监测设备；

（四）未按照排污许可证规定安装、使用污染物排放自动监测设备并与生态环境主管部门的监控设备联网，或者未保证污染物排放自动监测设备正常运行；

（八）发现污染物排放自动监测设备传输数据异常或者污染物排放超过污染物排放标准等异常情况不报告。

（1）损毁或者擅自移动、改变污染物排放自动监测设备

案例：2018年6月，安阳市生态环境局对某肉类加工公司进行现场检查，发现该公司的大气污染物在线监测设备损毁，无法正常使用。安阳市生态环境局对该公司处以10万元罚款。

案例解读：该排污单位大气污染物在线监测设备受损，属于侵占、损毁或者擅自移动、改变大气污染物排放自动监测设备的违法行为，违反了《大气污染防治法》第二十六条规定，根据《大气污染防治法》第一百条第一项规定，安阳市生态环境局对该排污单位处以10万元罚款。

（2）未按排污许可证规定安装、使用污染物排放自动监测设备并与生态环境主管部门的监控设备联网

案例：2021年7月28日，宜春市高安生态环境保护综合执法大队执法人员在对某从事陶瓷颜料的企业检查时，发现该企业在固定污染源排污许可分类管理名录中属于重点管理，按排污许可要求应当安装、使用废气污染源自动监控设备并与生态环境主管部门的监控设备联网，但至今并未完成废气污染源自动监控设备的安装联网。

案例解读：该排污单位的上述行为违反了《排污许可管理条例》第二十条第一款的规定。宜春市高安生态环境局依据《排污许可管理条例》第三十六条第（四）项，对该排污单位进行了立案，后作出罚款3万元的处罚意见，并责令该排污单位停产整改。

（3）未保证污染物排放自动监测设备正常运行

案例：2021年7月9日，亳州市生态环境保护综合行政执法支队谯城区大队执法人员对某建材公司现场检查，发现该企业于2020年4月份安装联网大气污染物排放自动监测设备。至检查时，未完成自动监测设备验收，未定期开展比对监测。

案例解读：该排污单位上述行为符合《安徽省污染源自动监控管理办法（试行）》第十八条第一款以及第三款情形。据此，亳州市生态环境局认定该企业未保证自动监测设备正常运行，依据《排污许可管理条例》第三十六条第四款及《安徽省生态环境行政处罚裁量基准规定》有关规定，对该排污单位罚款6.68万元。

（4）发现污染物排放自动监测设备传输数据异常或者污染物排放超过污染物排放标准等异常情况不报告

案例：2019年3月，天津市生态环境局对市重点排污单位某食品加工公司进行现场检查，发现从2019年1月9日0时至1月24日8时，因污染源自动监控设施故障，导致出水化学需氧量、氨氮和pH数值恒定，该单位未按要求于发生故障后12小时内向有管辖权的监督检查机构报告。天津市生态环境局责令该公司改正违法行为，处2万元罚款。

案例解读：该排污单位自动监测设施故障但未向监督检查机构报告，根据《水污染防治法》第八十二条第二项规定，天津市生态环境局责令改正，处以2万元罚款。

《条例》解读：以上案例属于自动监测设备管理措施违法的几种常见情形。根据《条例》第三十六条第三项、第四项、第八项规定，排污单位存在损毁或者擅自移动、改变污染物排放自动监测设备，或未按排污许可证规定安装、使用污染物排放自动监测设备并与生态环境主管部门的监控设备联网，或污染物排放自动监测设备未能正常运行，或排污单位发现污染物排放自动监测设备传输数据异常或者污染物排放超过污染物排放标准等异常情况不报告等违法行为的，生态环境主管部门责令改正，处2万元以上20万元以下的罚款；拒不改正的，责令停产整治。相较于《大气污染防治法》第一百条第一项、《水污染防治法》第八十二条第一项、《排污许可管理办法（试行）》第五十八条第四项规定，《条例》的处罚力度保持一致。但对自动监测设备管理措施违法的情形作出了更明确的规定，其中第三十六条第八项规定“排污单位发现污染物排放自动监测设备传输数据异常或者污染物排放超过污染物排放标准等异常情况不报告”为《条例》首次规定，是对《水污染防治法》《大气污染防治法》等法律法规的补充完善。

5.4.4.5 自行监测

排污单位应按照排污许可证规定和有关标准规范开展自行监测，并保存原始监测记录，且对监测数据的真实性、准确性负责。若排污单位未按照排污许可证规定制定自行监测方案并开展自行监测，或未按照排污许可证规定保存原始监测记录的，生态环境主管部门有权责令改正，处2万元以上20万元以下的罚款；拒不改正的，责令停产整改。

《排污许可管理条例》

第十九条　排污单位应当按照排污许可证规定和有关标准规范，依法开展自行监测，并保存原始监测记录。原始监测记录保存期限不得少于5年。

排污单位应当对自行监测数据的真实性、准确性负责，不得篡改、伪造。

第三十六条　违反本条例规定，排污单位有下列行为之一的，由生态环境主管部门责令改正，处2万元以上20万元以下的罚款；拒不改正的，责令停产整治：……

（五）未按照排污许可证规定制定自行监测方案并开展自行监测；

（六）未按照排污许可证规定保存原始监测记录。

（1）未按照排污许可证规定的制定自行监测方案并开展自行监测

案例：2021年8月19日，肇庆市生态环境局及怀集分局执法人员对某五金公司进行了排污许可证落实情况专项“双随机”检查发现，该公司主要从事金属表面处理及热处理加工，于2020年6月25日取得肇庆市生态环境局核发的排污许可证，现场检查时，该公司正在生产，排污许可证副本上明确要求企业定期对废气废水开展自行监测，但该公司未按照排污许可证的规定制定自行监测方案并开展自行监测，也未按照排污许可证规定公开污染物排放信息。

案例解读：该排污单位上述行为违反了《排污许可管理条例》第十九条第一款和第二十三条第一款规定。肇庆市生态环境局怀集分局根据《排污许可管理条例》第三十六条第五项和第七项的规定，责令该排污单位立即改正违法行为，并处罚款5万元。

（2）未按照排污许可证规定保存自行监测记录

案例：2019年8月，济宁市生态环境局对某饲料公司进行现场调查，发现该公司排污许可证信息未公示，未保留监测原始记录。济宁市生态环境局要求其责令改正违法行为，并处以2万元罚款。

案例解读：该排污单位未保留监测原始记录，违反了《水污染防治法》第二十四条第一款、《水污染防治法》第二十三条、《排污许可管理办法（试行）》第三十四条第一项规定，根据《大气污染防治法》第一百条第二项、《水污染防治法》第八十二条第一项、《排污许可管理办法（试行）》第五十六条第一项规定，济宁市生态环境局责令改正，并处以2万元罚款。

《条例》解读：以上案例属于自行监测管理措施违法的几种常见情形。根据《条例》第三十六条第六项规定，排污单位未按照排污许可证规定制定自行监测方案并开展自行监测，或未按照排污许可证规定保存原始监测记录的，生态环境主管部门责令改正，处2万元以上20万元以下的罚款；拒不改正的，责令停产整改。相较于《大气污染防治法》第一百条第二项、《水污染防治法》第八十二条第一项规定，《条例》的处罚力度保持不变，但明确了排污单位的原始监测记录保存期限和监测内容，提高了自行监测违法的可执行性。

5.4.4.6 信息公开

污染物排放信息应当包括污染物排放种类、排放浓度和排放量，以及污染防治设施的建设运行情况、排污许可证执行报告、自行监测数据等；其中，水污染物排入市政排水管网的，还应当包括污水接入市政排水管网位置、排放方式等信息。若排污单位未按照排污许可证规定公开或者不如实公开污染物排放信息，生态环境主管部门责令改正，处2万元以上20万元以下的罚款；拒不改正的，责令停产整改。

《排污许可管理条例》

第二十三条　排污单位应当按照排污许可证规定，如实在全国排污许可证管理信息平台上公开污染物排放信息。

污染物排放信息应当包括污染物排放种类、排放浓度和排放量，以及污染防治设施的建设运行情况、排污许可证执行报告、自行监测数据等；其中，水污染物排入市政排水管网的，还应当包括污水接入市政排水管网位置、排放方式等信息。

第三十六条　违反本条例规定，排污单位有下列行为之一的，由生态环境主管部门责令改正，处2万元以上20万元以下的罚款；拒不改正的，责令停产整治：……

（七）未按照排污许可证规定公开或者不如实公开污染物排放信息。

案例1：2021年4月，唐山市生态环境局在现场检查某钢铁企业时发现，该公司未将2021年3月的自行监测数据公开，经核查该公司已公示的2021年2月的自行监测数据中未能如实公开一次氮氧化物超标数据。唐山市生态环境局对该公司责令整改，并处20万元罚款。

案例解读：该排污单位依法未按照排污许可证公开自行监测数据，同时存在未如实公开自行监测数据的违法行为，违反了《条例》第五十五条第一项规定，根据《大气污染防治法》第一百条第四项、《水污染防治法》第八十二条第三项、《条例》第三十三条第四项，唐山市生态环境主管部门对该排污单位责令整改，并处20万元罚款。

案例2：2021年3月，唐山市生态环境局对某钢铁公司进行现场调查，发现该单位未及时公开固体废物污染环境防治信息。唐山市生态环境局对该公司的违法行为作出20万元罚款处罚。

案例解读：该排污单位为产生固体废物的单位，但未及时公开固体废物污染环境防治信息，违反了《中华人民共和国固体废物污染环境防治法》第二十九条第二款规定，根据《中华人民共和国固体废物污染环境防治法》第一百零二条第一项的规定，唐山市生态环境局对该违法行为处以20万元罚款。

《条例》解读：以上案例属于信息公开管理措施违法的常见情形。该排污单位违反了《条例》第二十三条规定，根据《条例》第三十六第七项规定，排污单位未按照排污许可证规定公开或者不如实公开污染物排放信息，生态环境主管部门责令改正，处2万元以上20万元以下的罚款；拒不改正的，责令停产整治。相较于《大气污染防治法》第一百条第四项、《水污染防治法》第八十二条第三项规定，《条例》的处罚力度保持不变。相较于《固体废物污染环境防治法》第一百零二条第二项的规定，《条例》关于固体废物环境防治信息违法行为的处罚情形未作明确规定，且处罚力度不及《固体废物污染环境防治法》相关规定，遇此情形遵循《固体废物污染环境防治法》的相关规定。

5.4.5 环境管理违法

排污单位环境管理违法是指排污单位在自行监测、环境管理台账记录、执行报告、信息公开及其他控制及管理要求等方面的违法行为。其中，环境管理台账管理和执行报告相关违法行为是排污单位常见的两类环境管理违法行为，本书选取这两类违法案例作为典型进行解读分析。

5.4.5.1 管理台账

排污单位环境管理台账的管理要求包括环境管理台账的格式、记录频次符合排污许可证的要求，以及台账记载内容的完整性、真实性，台账需记载的内容主要包括基本信息、生产设施运行管理信息、污染防治设施运行管理信息、监测记录信息及其他环境管理信息，以及超标排放等异常情况的情形等。与环境管理台账相关的常见违法行为包括排污单位未建立环境管理台账记录制度，或未按照排污许可证规定记录，或未如实记录主要生产设施及污染防治设施运行情况或者污染物排放浓度、排放量等。

《排污许可管理条例》

第二十一条　排污单位应当建立环境管理台账记录制度，按照排污许可证规定的格式、内容和频次，如实记录主要生产设施、污染防治设施运行情况以及污染物排放浓度、排放量。环境管理台账记录保存期限不得少于5年。

排污单位发现污染物排放超过污染物排放标准等异常情况时，应当立即采取措施消除、减轻危害后果，如实进行环境管理台账记录，并报告生态环境主管部门，说明原因。超过污染物排放标准等异常情况下的污染物排放计入排污单位的污染物排放量。

第二十二条　排污单位应当按照排污许可证规定的内容、频次和时间要求，向审批部门提交排污许可证执行报告，如实报告污染物排放行为、排放浓度、排放量等。

排污许可证有效期内发生停产的，排污单位应当在排污许可证执行报告中如实报告污染物排放变化情况并说明原因。

排污许可证执行报告中报告的污染物排放量可以作为年度生态环境统计、重点污染物排放总量考核、污染源排放清单编制的依据。

第三十七条　违反本条例规定，排污单位有下列行为之一的，由生态环境主管部门责令改正，处每次5千元以上2万元以下的罚款；法律另有规定的，从其规定：

（一）未建立环境管理台账记录制度，或者未按照排污许可证规定记录；

（二）未如实记录主要生产设施及污染防治设施运行情况或者污染物排放浓度、排放量。

（1）未建立环境管理台账记录制度

案例1：2020年12月，广州市生态环境局对某包装印刷公司现场检查时发现，该印刷公司未按规定建立原辅料台账，导致排污底数不清，废气吸附塔内活性炭更换频次不明确。广州市生态环境局作出责令改正并处罚款2万元的行政处罚。

案例解读：该排污单位未按规定建立原辅料台账，违反了《广东省大气污染防治条例》第二十七条第二款规定，根据《广东省大气污染防治条例》第七十六条规定，生态环境主管部门对该排污单位未按照规定建立、保存台账的违法行为，作出责令改正并处罚款2万元的行政处罚。

案例2：2021年3月，邢台市生态环境局执法人员对某公司进行现场检查，该公司于2020年11月30日取得国家版排污许可证，有效期至2025年11月30日，按照排污许可证规定，该公司应当建立环境管理台账记录制度。经查，该公司未建立环境管理台账记录制度，涉嫌违反《条例》规定，邢台市生态环境局依法责令该公司立即改正违法行为，并处以行政罚款。

案例解读：该排污单位未建立环境管理台账记录制度，违反了《条例》第二十一条规定，根据《条例》第三十七条第一项规定，参照《河北省生态环境厅环境行政处罚自由裁量权裁量标准》，邢台市生态环境局依法责令该公司立即改正违法行为，并处以行政处罚。此项规定是《条例》中最新规定的，在《大气污染防治法》《水污染防治法》《排污许可管理办法（试行）》等法律法规中均未具体明确过。该案例是邢台市全市利用《条例》处罚的第一案，具有典型意义，能够促使执法重心由环境影响评价报告向排污许可制转变，通过与有关制度的衔接融合，将分散的环境管理制度整合成为生态环境保护体系，实现固定污染源全过程管理，是生态环境执法领域的重大改革创新。

案例3：2021年2月，河北省唐山市生态环境局对某建材公司进行现场调查，发现该单位未建立危险废物管理台账。唐山市生态环境局对其处以30万元罚款。

案例解读：该排污单位未建立危险废物管理台账，该行为违反了《中华人民共和国固体废物污染环境防治法》第七十八条第一款的规定，根据《中华人民共和国固体废物污染环境防治法》第一百一十二条第十三项的规定，唐山市生态环境局对该违法行为处以30万元罚款。

《条例》解读：根据《条例》第三十七条第一项规定，排污单位未建立环境管理台账记录制度，或者未按照排污许可证规定记录，生态环境主管部门责令改正，处每次5千元以上2万元以下的罚款；法律另有规定的，从其规定。相较于《固体废物污染环境防治法》第一百一十二条第十三项的处罚规定，《条例》的处罚力度较轻。遇此情形，应遵循《固体废物污染环境防治法》的相关规定。

（2）未按照排污许可证规定记录

案例：2020年10月，苏州市生态环境局执法检查发现高新区某电子配件喷涂公司虽已建立了危险废物环境管理台账，但未准确记录危废产生量。苏州市生态环境局对该公司作出责令改正，并处罚款34.3万元的行政处罚。

案例解读：该排污单位未准确记录危险废物产生量，上述行为属于环境管理台账记载内容不完整，违反了《固体废物污染环境防治法》第七十八条第一款规定，根据《固体废物污染环境防治法》第一百一十二条第一款第十三项第二款的规定，苏州市生态环境局对其处34.3万元罚款。

（3）环境管理台账未如实记录主要生产设施及污染防治设施运行情况，或者污染物排放浓度、排放量案例：2021年4月6日，双鸭山市集贤生态环境局执法人员对某煤化工公司开展“双随机”检查时，对大气污染物自动监测设施运维记录、运行台账进行核查发现，该公司3月16日、21日未记录设施运行状态，存在记录不全的问题，并且，3月16日记录的设施校验实际发生在3月13日，实际操作时间与记录情况出入较大，存在未如实记录设施运行、校验情况的问题。

案例解读：该排污单位上述行为违反了《排污许可管理条例》第二十一条第一款规定，双鸭山市集贤生态环境局依据《排污许可管理条例》第三十七条第一的规定，责令该排污单位改正违法行为，规范生态环境管理台账记录制度，如实填写、填报台账记录，并处罚款0.5万元。

《条例》解读：以上案例属于台账管理违法的几种常见情形。根据《条例》第三十七条规定，排污单位未建立环境管理台账记录制度，或者未按照排污许可证规定记录，或未如实记录主要生产设施及污染防治设施运行情况或者污染物排放浓度、排放量，生态环境主管部门责令改正，处每次5千元以上2万元以下的罚款；法律另有规定的，从其规定。《大气污染防治法》《水污染防治法》《排污许可管理办法（试行）》等法律法规中均未对台账管理要求做出具体要求，《条例》中关于台账管理部分为最新规定。但对比《固体废物污染环境防治法》第一百一十二条第十三项的规定，《条例》的处罚力度较轻，遇此情形应遵循《固体废物污染环境防治法》的相关规定。

5.4.5.2 执行报告

排污单位执行报告的管理要求包括按照排污许可证的频次及时间要求提交年度执行报告和季度/月度执行报告，以及执行报告内容的完整性。与执行报告相关的常见违法行为包括排污单位未按照排污许可证规定提交排污许可证执行报告，或未如实报告污染物排放行为或者污染物排放浓度、排放量等。

《排污许可管理条例》

第二十二条　排污单位应当按照排污许可证规定的内容、频次和时间要求，向审批部门提交排污许可证执行报告，如实报告污染物排放行为、排放浓度、排放量等。

排污许可证有效期内发生停产的，排污单位应当在排污许可证执行报告中如实报告污染物排放变化情况并说明原因。

> 排污许可证执行报告中报告的污染物排放量可以作为年度生态环境统计、重点污染物排放总量考核、污染源排放清单编制的依据。
>
> 第三十七条　违反本条例规定，排污单位有下列行为之一的，由生态环境主管部门责令改正，处每次5千元以上2万元以下的罚款；法律另有规定的，从其规定：……
>
> （三）未按照排污许可证规定提交排污许可证执行报告；
>
> （四）未如实报告污染物排放行为或者污染物排放浓度、排放量。

（1）未按照排污许可证规定提交排污许可证执行报告

案例：2021年3月23日，海口市综合行政执法局执法人员开展2021年排污许可证后专项检查时，发现某汽修公司未按照排污许可证规定提交排污许可证执行报告。该公司于2020年6月28日取得排污许可证，排污许可证中对执行报告的上报频率及时间进行了明确规定。现场检查发现，该公司未按时提交2020年季度及年度排污许可证执行报告。

案例解读：该排污单位上述行为违反了《海南省排污许可管理条例》第二十九条规定，海口市综合行政执法局执法人员根据《海南省排污许可管理条例》第四十五条第一项、《海南省生态环境行政处罚裁量基准规定》第三条和第九条的规定，责令该排污单位改正违法行为，并处罚款2.3万元。

（2）未如实报告污染物排放行为或者污染物排放浓度、排放量

案例：2021年8月4日，相城生态环境局执法人员根据网民举报，对相城区某企业进行调查时发现：该企业未如实公开报告污染物排放行为、排放浓度、排放量等。该企业采用平均值作为2020年度1～12月和2021年1～6月的月度污染物排放数据，使得2020年度排污许可证执行报告（电子报告）月报、季报、年报的污染物排放数据完全一致，使得2021年度排污许可证执行报告（电子报告）第一、二季度季报的月报、季报的污染物排放数据完全一致。执法人员指出并责令更正后，该企业仍然未全部更正，其基本信息（生产正常运行时间、非正常运行时间、生产负荷、停产时间等）季度数据仍然完全一致，未如实报告。

案例解读：该排污单位上述行为违反了《排污许可管理条例》第二十二条第一款规定，相城生态环境局执法人员根据《排污许可管理条例》第三十七条第四项规定，

责令该排污单位改正违法性行为，处以6 300元罚款。

《条例》解读：以上案例属于执行报告管理违法的几种常见情形。根据《条例》第三十七条第三项、第四项规定，排污单位未按照排污许可证规定提交排污许可证执行报告，或未如实报告污染物排放行为或者污染物排放浓度、排放量的，生态环境主管部门责令改正，处每次5千元以上2万元以下的罚款；法律另有规定的，从其规定。《条例》对执行报告管理提出了更明确的要求，《大气污染防治法》《水污染防治法》《固体废物污染环境防治法》等法律法规中均未具体明确过，在《排污许可管理办法（试行）》中也未对执行报告提交不符合规范的行为明确处罚规定。

5.4.6 排污许可证书违法

排污单位伪造、变造、转让排污许可证等行为属于排污许可证书违法行为。若排污单位有以上违法行为的，生态环境主管部门有权没收排污单位相关证件或者吊销排污许可证，处10万元以上30万元以下的罚款，3年内不得再次申请排污许可证。

《排污许可管理条例》

第四十条　排污单位以欺骗、贿赂等不正当手段申请取得排污许可证的，由审批部门依法撤销其排污许可证，处20万元以上50万元以下的罚款，3年内不得再次申请排污许可证。

第四十一条　违反本条例规定，伪造、变造、转让排污许可证的，由生态环境主管部门没收相关证件或者吊销排污许可证，处10万元以上30万元以下的罚款，3年内不得再次申请排污许可证。

（1）以欺骗、贿赂等不正当手段申请取得排污许可证

案例：2022年4月，佛山市生态环境局顺德分局在开展重点监管行业国家排污许可证清单式执法时比对了同行业产排污情况。经大数据比对分析，发现某金属配件厂存在申领资料弄虚作假重大嫌疑：该金属配件厂于2021年12月申请变更了排污许可证，变更后的排污许可证取消了阳极氧化工序，且记载的生产废水排放去向也发生了变化。但执法人员通过该厂近期自行监测数据等信息判断，实际生产和排污情况与排污许可证存在不相符的嫌疑。经调查，该厂为了降低排放标准、节省运营成本等原因，故意隐瞒了生产环节中关键的氧化（阳极氧化）工序，虚假申报废水排放去向，

属于以欺骗的不正当手段申请取得排污许可证的违法行为。

案例解读：该排污单位以上行为违反了《中华人民共和国行政许可法》和《排污许可管理条例》相关规定。根据《中华人民共和国行政许可法》第六十九、《排污许可管理条例》第四十一条，2022年8月10日，市生态环境局对该排污单位作出撤销其排污许可且3年内不得再次申请排污许可证，并处罚款23万元的决定。

（2）伪造或变造排污许可证

案例：2009年年底，衡阳市某造纸厂获得2010年度淘汰落后产能申报资格。为获取国家淘汰落后产能奖励资金，该厂伪造多个国家机关证件印章（因其原办理的排放污染物许可证丢失，便伪造排放污染物许可证及证件上所使用的印章），非法获取中央奖励资金96.8万元。该造纸厂的负责人被判处有期徒刑4年，处以罚款5万元，并追缴非法所得46.3万元。

案例解读：该排污单位伪造排污许可证，依照《刑法》第二百八十条第一款、第六十四条规定，对该排污单位负责人作出有期徒刑4年，并处罚金5万元，并追缴尚未退还的非法所得46.3万元的处罚决定。

（3）非法违法转让排污许可证

案例：云南省某造纸厂系个体工商户，经营者将2017年6月28日环保部门核发的排污许可证（有效期限自2017年6月28日起至2020年6月27日止）出租给他人使用并收取管理费。

案例解读：该排污单位违法转让排污许可证，违反了《关于印发〈排污许可证管理暂行规定〉的通知》（2016年12月23日实施，2018年8月17日废止）第三十条、《排污许可管理办法（试行）》（2019年8月22日实施）第三十三条法律法规规定，其租赁合同无效。

《条例》解读：以上案例属于排污许可证违法的几种常见情形。根据《条例》第四十一条规定，排污单位伪造、变造、转让排污许可证的，生态环境主管部门没收相关证件或者吊销排污许可证，处10万元以上30万元以下的罚款，3年内不得再次申请排污许可证。《大气污染防治法》《水污染防治法》《固体废物污染环境防治法》《排污许可管理办法（试行）》等法律法规均未对排污许可证书违法行为做出相关要求，但在《条例》作出了明确规定，体现了排污许可管理体系正在逐渐健全完善的过程。

附录一　排污许可证申请与核发技术规范

（截至2022年5月）

序号	名称
1	造纸行业排污许可证申请与核发技术规范（环水体〔2016〕81号）
2	火电行业排污许可证申请与核发技术规范（环水体〔2016〕81号）
3	排污许可证申请与核发技术规范　钢铁工业（HJ 846—2017）
4	排污许可证申请与核发技术规范　水泥工业（HJ 847—2017）
5	排污许可证申请与核发技术规范　石化工业（HJ 853—2017）
6	排污许可证申请与核发技术规范　炼焦化学工业（HJ 854—2017）
7	排污许可证申请与核发技术规范　电镀工业（HJ 855—2017）
8	排污许可证申请与核发技术规范　玻璃工业—平板玻璃（HJ 856—2017）
9	排污许可证申请与核发技术规范　制药工业—原料药制造（HJ 858.1—2017）
10	排污许可证申请与核发技术规范　制革及毛皮加工工业—制革工业（HJ 859.1—2017）
11	排污许可证申请与核发技术规范　农副食品加工工业—制糖工业（HJ 860.1—2017）
12	排污许可证申请与核发技术规范　农副食品加工工业—淀粉工业（HJ 860.2—2018）
13	排污许可证申请与核发技术规范　农副食品加工工业—屠宰及肉类加工工业（HJ 860.3—2018）
14	排污许可证申请与核发技术规范　纺织印染工业（HJ 861—2017）
15	排污许可证申请与核发技术规范　农药制造工业（HJ 862—2017）
16	排污许可证申请与核发技术规范　有色金属工业—铅锌冶炼（HJ 863.1—2017）
17	排污许可证申请与核发技术规范　有色金属工业—铝冶炼（HJ 863.2—2017）
18	排污许可证申请与核发技术规范　有色金属工业—铜冶炼（HJ 863.3—2017）
19	排污许可证申请与核发技术规范　有色金属工业—再生金属（HJ 863.4—2018）
20	排污许可证申请与核发技术规范　化肥工业-氮肥（HJ 864.1—2017）
21	排污许可证申请与核发技术规范　磷肥、钾肥、复混钾肥、有机肥料及微生物肥料工业（HJ 864.2—2018）
22	排污许可证申请与核发技术规范　有色金属工业—汞冶炼（HJ 931—2017）
23	排污许可证申请与核发技术规范　有色金属工业—镁冶炼（HJ 933—2017）
24	排污许可证申请与核发技术规范　有色金属工业—镍冶炼（HJ 934—2017）
25	排污许可证申请与核发技术规范　有色金属工业—钛冶炼（HJ 935—2017）

续表

序号	名称
26	排污许可证申请与核发技术规范　有色金属工业—锡冶炼（HJ 936—2017）
27	排污许可证申请与核发技术规范　有色金属工业—钴冶炼（HJ 937—2017）
28	排污许可证申请与核发技术规范　有色金属工业—锑冶炼（HJ 938—2017）
29	排污许可证申请与核发技术规范　总则（HJ 942—2018）
30	排污许可证申请与核发技术规范　锅炉（HJ 953—2018）
31	排污许可证申请与核发技术规范　陶瓷砖瓦工业（HJ 954—2018）
32	排污许可证申请与核发技术规范　电池工业（HJ 967—2018）
33	排污许可证申请与核发技术规范　汽车制造业（HJ 971—2018）
34	排污许可证申请与核发技术规范　水处理（试行）（HJ 978—2018）
35	排污许可证申请与核发技术规范　家具制造工业（HJ 1027—2019）
36	排污许可证申请与核发技术规范　酒、饮料制造工业（HJ 1028—2019）
37	排污许可证申请与核发技术规范　畜禽养殖行业（HJ 1029—2019）
38	排污许可证申请与核发技术规范　食品制造工业—乳制品制造工业（HJ 1030.1—2019）
39	排污许可证申请与核发技术规范　食品制造工业—调味品、发酵制品制造工业（HJ 1030.2—2019）
40	排污许可证申请与核发技术规范　食品制造工业—方便食品、食品及饲料添加剂制造工业（HJ 1030.3—2019）
41	排污许可证申请与核发技术规范　电子工业（HJ 1031—2019）
42	排污许可证申请与核发技术规范　人造板工业（HJ 1032—2019）
43	排污许可证申请与核发技术规范　工业固体废物和危险废物治理（HJ 1033—2019）
44	排污许可证申请与核发技术规范　废弃资源加工工业（HJ 1034—2019）
45	排污许可证申请与核发技术规范　无机化学工业（HJ 1035—2019）
46	排污许可证申请与核发技术规范　危险废物焚烧（HJ 1038—2019）
47	排污许可证申请与核发技术规范　生活垃圾焚烧（HJ 1039—2019）
48	排污许可证申请与核发技术规范　制药工业—生物药品制品制造（HJ 1062—2019）
49	排污许可证申请与核发技术规范　制药工业—化学药品制剂制造（HJ 1063—2019）
50	排污许可证申请与核发技术规范　制药工业—中成药生产（HJ 1064—2019）
51	排污许可证申请与核发技术规范　制革及毛皮加工工业—毛皮加工工业（HJ 1065—2019）
52	排污许可证申请与核发技术规范　印刷工业（HJ 1066—2019）

续表

序号	名称
53	排污许可证申请与核发技术规范　煤炭加工-合成气和液体燃料生产（HJ 1101-2020）
54	排污许可证申请与核发技术规范　化学纤维制造业（HJ 1102—2020）
55	排污许可证申请与核发技术规范　专用化学产品制造工业（HJ 1103—2020）
56	排污许可证申请与核发技术规范　日用化学产品制造工业（HJ 1104—2020）
57	排污许可证申请与核发技术规范　医疗机构（HJ 1105—2020）
58	排污许可证申请与核发技术规范　环境卫生管理业（HJ 1106—2020）
59	排污许可证申请与核发技术规范　码头（HJ 1107—2020）
60	排污许可证申请与核发技术规范　羽毛（绒）加工工业（HJ 1108—2020）
61	排污许可证申请与核发技术规范　农副食品加工工业—水产品加工工业（HJ 1109—2020）
62	排污许可证申请与核发技术规范　农副食品加工工业—饲料加工、植物油加工工业（HJ 1110—2020）
63	排污许可证申请与核发技术规范　金属铸造工业（HJ 1115—2020）
64	排污许可证申请与核发技术规范　涂料、油墨、颜料及类似产品制造业（HJ 1116—2020）
65	排污许可证申请与核发技术规范　铁合金、电解锰工业（HJ 1117—2020）
66	排污许可证申请与核发技术规范　储油库、加油站（HJ 1118-2020）
67	排污许可证申请与核发技术规范　石墨及其他非金属矿物制品制造（HJ 1119—2020）
68	排污许可证申请与核发技术规范　水处理通用工序（HJ 1120—2020）
69	排污许可证申请与核发技术规范　工业炉窑（HJ 1121—2020）
70	排污许可证申请与核发技术规范　橡胶和塑料制品工业（HJ 1122—2020）
71	排污许可证申请与核发技术规范　制鞋工业（HJ 1123—2020）
72	排污许可证申请与核发技术规范　铁路、船舶、航空航天和其他运输设备制造业（HJ 1124—2020）
73	排污许可证申请与核发技术规范　稀有稀土金属冶炼（HJ 1125—2020）
74	排污单位环境管理台账及排污许可证执行报告技术规范　总则（试行）（HJ 944—2018）
75	排污单位编码规则（HJ 608—2017）
76	排污许可证申请与核发技术规范　工业固体废物（试行）（HJ 1200—2021）

附录二　排污单位自行监测技术指南

（截至2022年5月）

序号	标准名称
1	排污单位自行监测技术指南　总则（HJ 819—2017）
2	排污单位自行监测技术指南　火力发电及锅炉（HJ 820—2017）
3	排污单位自行监测技术指南　造纸工业（HJ 821—2017）
4	排污单位自行监测技术指南　钢铁工业及炼焦化学工业（HJ 878—2017）
5	排污单位自行监测技术指南　纺织印染工业（HJ 879—2017）
6	排污单位自行监测技术指南　石油炼制工业（HJ 880—2017）
7	排污单位自行监测技术指南　提取类制药工业（HJ 881—2017）
8	排污单位自行监测技术指南　发酵类制药工业（HJ 882—2017）
9	排污单位自行监测技术指南　化学合成类制药工业（HJ 883—2017）
10	排污单位自行监测技术指南　制革及毛皮加工工业（HJ 946—2018）
11	排污单位自行监测技术指南　石油化学工业（HJ 947—2018）
12	排污单位自行监测技术指南　化肥工业—氮肥（HJ 948.1—2018）
13	排污单位自行监测技术指南　电镀工业（HJ 985—2018）
14	排污单位自行监测技术指南　农副食品加工业（HJ 986—2018）
15	排污单位自行监测技术指南　农药制造工业（HJ 987—2018）
16	排污单位自行监测技术指南　平板玻璃工业（HJ 988—2018）
17	排污单位自行监测技术指南　有色金属工业（HJ 989—2018）
18	排污单位自行监测技术指南　水处理（HJ 1083—2020）
19	排污单位自行监测技术指南　食品制造（HJ 1084—2020）
20	排污单位自行监测技术指南　酒、饮料制造（HJ 1085—2020）
21	排污单位自行监测技术指南　涂装（HJ 1086—2020）
22	排污单位自行监测技术指南　涂料油墨制造（HJ 1087—2020）
23	排污单位自行监测技术指南　磷肥、钾肥、复混肥料、有机肥料和微生物肥料（HJ 1088—2020）
24	排污单位自行监测技术指南　无机化学工业（HJ 1138—2020）
25	排污单位自行监测技术指南　化学纤维制造业（HJ 1139—2020）

续表

序号	标准名称
26	排污单位自行监测技术指南　电池工业（HJ 1204—2021）
27	排污单位自行监测技术指南　固体废物焚烧（HJ 1205—2021）
28	排污单位自行监测技术指南　人造板工业（HJ 1206—2021）
29	排污单位自行监测技术指南　橡胶和塑料制品（HJ 1207—2021）
30	排污单位自行监测技术指南　有色金属工业—再生金属（HJ 1208—2021）
31	工业企业土壤和地下水自行监测　技术指南（试行）（HJ 1209—2021）
32	排污单位自行监测技术指南　稀有稀土金属冶炼（HJ 1244—2022）
33	排污单位自行监测技术指南　聚氯乙烯工业（HJ 1245—2022）
34	排污单位自行监测技术指南　印刷工业（HJ 1246—2022）
35	排污单位自行监测技术指南　煤炭加工—合成气和液体燃料生产（HJ 1247—2022）
36	排污单位自行监测技术指南　陆上石油天然气开采工业（HJ 1248—2022）
37	排污单位自行监测技术指南　储油库、加油站（HJ 1249—2022）
38	排污单位自行监测技术指南　工业固体废物和危险废物治理（HJ 1250—2022）
39	排污单位自行监测技术指南　金属铸造工业（HJ 1251—2022）
40	排污单位自行监测技术指南　畜禽养殖行业（HJ 1252—2022）
41	排污单位自行监测技术指南　电子工业（HJ 1253—2022）
42	排污单位自行监测技术指南　砖瓦工业（HJ 1254—2022）
43	排污单位自行监测技术指南　陶瓷工业（HJ 1255—2022）
44	排污单位自行监测技术指南　中药、生物药品制品、化学药品制剂制造业（HJ 1256—2022）

附录三　污染防治可行技术指南

（截至2022年5月）

序号	标准名称
1	火电厂污染防治可行技术指南（HJ 2301-2017）
2	陶瓷工业污染防治可行技术指南（HJ 2304-2018）
3	玻璃制造业污染防治可行技术指南（HJ 2305—2018）
4	污染防治可行技术指南编制导则（HJ 2300-2018）
5	制糖工业污染防治可行技术指南（HJ 2303-2018）
6	炼焦化学工业污染防治可行技术指南（HJ 2306—2018）
7	制浆造纸工业污染防治可行技术指南（HJ 2302—2018）
8	印刷工业污染防治可行技术指南（HJ 1089—2020）

附录四　建设项目污染源源强核算技术指南

（截至2022年5月）

序号	标准名称
1	污染源源强核算技术指南　准则（HJ 884—2018）
2	污染源源强核算技术指南　钢铁工业（HJ 885—2018）
3	污染源源强核算技术指南　水泥工业（HJ 886—2018）
4	污染源源强核算技术指南　制浆造纸（HJ 887—2018）
5	污染源源强核算技术指南　火电（HJ 888—2018）
6	污染源源强核算技术指南　农副食品加工工业—制糖工业（HJ 966.1—2018）
7	污染源源强核算技术指南　平板玻璃制造（HJ 980—2018）
8	污染源源强核算技术指南　炼焦化学工业（HJ 981—2018）
9	污染源源强核算技术指南　石油炼制工业（HJ 982—2018）
10	污染源源强核算技术指南　有色金属冶炼（HJ 983—2018）
11	污染源源强核算技术指南　电镀（HJ 984—2018）
12	污染源源强核算技术指南　纺织印染工业（HJ 990—2018）
13	污染源源强核算技术指南　锅炉（HJ 991—2018）
14	污染源源强核算技术指南　制药工业（HJ 992—2018）
15	污染源源强核算技术指南　农药制造工业（HJ 993—2018）
16	污染源源强核算技术指南　化肥工业（HJ 994—2018）
17	污染源源强核算技术指南　制革工业（HJ 995—2018）
18	污染源源强核算技术指南　农副食品加工工业—淀粉工业（HJ 996.2—2018）
19	污染源源强核算技术指南　陶瓷制品制造（HJ 1096—2020）
20	污染源源强核算技术指南　汽车制造（HJ 1097—2020）

附录五　重大变动清单

（截至2022年5月）

序号	标准名称
1	水电建设项目重大变动清单（试行）
2	水利建设项目（枢纽类和引调水工程）重大变动清单（试行）
3	火电建设项目重大变动清单（试行）
4	煤炭建设项目重大变动清单（试行）
5	油气管道建设项目重大变动清单（试行）
6	铁路建设项目重大变动清单（试行）
7	高速公路建设项目重大变动清单（试行）
8	港口建设项目重大变动清单（试行）
9	石油炼制与石油化工建设项目重大变动清单（试行）
10	制浆造纸建设项目重大变动清单（试行）
11	制药建设项目重大变动清单（试行）
12	农药建设项目重大变动清单（试行）
13	化肥（氮肥）建设项目重大变动清单（试行）
14	纺织印染建设项目重大变动清单（试行）
15	制革建设项目重大变动清单（试行）
16	制糖建设项目重大变动清单（试行）
17	电镀建设项目重大变动清单（试行）
18	钢铁建设项目重大变动清单（试行）
19	炼焦化学建设项目重大变动清单（试行）
20	平板玻璃建设项目重大变动清单（试行）
21	水泥建设项目重大变动清单（试行）
22	铜铅锌冶炼建设项目重大变动清单（试行）
23	铝冶炼建设项目重大变动清单（试行）
24	淀粉建设项目重大变动清单（试行）
25	水处理建设项目重大变动清单（试行）
26	肥料制造建设项目重大变动清单（试行）
27	镁、钛冶炼建设项目重大变动清单（试行）
28	镍、钴、锡、锑、汞冶炼建设项目重大变动清单（试行）
29	污染影响类建设项目重大变动清单（试行）
30	铀矿冶建设项目重大变动清单（试行）

参考文献

[1] 刘朝全， 姜学峰. 2019年国内外油气行业发展报告［ M ］. 北京：石油工业出版社， 2020.

[2] 刘朝全， 姜学峰. 2020年国内外油气行业发展报告［ M ］. 北京：石油工业出版社， 2021.

[3] 刘朝全， 姜学峰. 2021年国内外油气行业发展报告［ M ］. 北京：石油工业出版社， 2022.

[4] 戴伟平，邓小刚，吴成志，等.美国排污许可证制度200问［ M ］.北京：中国环境出版社，2016.

[5] 环境保护部. HJ 75—2017 固定污染源烟气排放连续监测技术规范［ S ］.北京：中国环境出版社，2017.

[6] 环境保护部. HJ 76—2017 固定污染源烟气（ SO_2、NO_x、颗粒物 ）排放连续监测系统技术要求及检测方法［ S ］. 北京：中国环境出版社，2017.

[7] 生态环境部. HJ 353—2019 水污染源在线监测系统（ COD_{Cr}、NH_3-N等 ）安装技术规范［ S ］. 北京：中国环境出版集团，2019.

[8] 生态环境部. HJ 354—2019 水污染源在线监测系统（ COD_{Cr}、NH_3-N等 ）验收技术规范［ S ］. 北京：中国环境出版集团，2019.

[9] 生态环境部. HJ 355—2019 水污染源在线监测系统（ COD_{Cr}、NH_3-N等 ）运行技术规范［ S ］. 北京：中国环境出版集团，2019.

[10] 生态环境部. HJ 356—2019 水污染源在线监测系统（ COD_{Cr}、NH_3-N等 ）数据有效性判别技术规范［ S ］. 北京：中国环境出版集团，2019.

[11] 国家环境保护总局. HJ/T 373—2007 固定污染源监测质量保证与质量控制技术规范（ 试行 ）［ S ］. 北京：中国标准出版社，2007.

[12] 国家环境保护总局. HJ/T 397—2007 固定源废气监测技术规范 [S] .北京：中国标准出版社，2007.

[13] 环境保护部. HJ/T 497—2009 固定源废气监测技术规范 [S] . 北京： 中国环境科学出版社，2009.

[14] 国家环境保护局. GB 15562.1—1995 环境保护图形标志——排放口（源）[S] .北京：中国标准出版社，1995.

[15] 国家环境保护局. GB 15562.2—1995 环境保护图形标志　固体废物贮存（处置）场 [S] .北京：中国标准出版社，1995.

[16] 环境保护部. HJ 819—2017 排污单位自行监测技术指南　总则 [S] .北京：中国标准出版社，2017.

[17] 环境保护部. HJ 942—2018 排污许可证申请与核发技术规范　总则 [S] .北京：中国标准出版社，2018.

[18] 生态环境部. HJ 944—2018 排污单位环境管理台账及排污许可证执行报告技术规范　总则（试行）[S] .北京：中国标准出版社，2018.